平成19年1月

鉄道構造物等
維持管理標準・同解説（構造物編）

▶ 土構造物（盛土・切土）

国土交通省鉄道局 監修
鉄道総合技術研究所 編

丸善出版

監 修 者 の 序

　鉄道事業の基本は安全の確保です．安全かつ安定的な鉄道輸送を維持していくためには，事業を支える基盤である鉄道構造物を適切に維持管理していかなければなりません．我が国の鉄道は，戦後の高度経済成長時に整備・改良された鉄道構造物により営業している路線が多いことから，維持管理の重要性は今後さらに高まっていくものと考えられます．

　国土交通省鉄道局では，平成12年度より鉄道の技術基準整備の一環として，「鉄道施設の検査のあり方」についての調査研究を，財団法人鉄道総合技術研究所に委託し検討を進めてきました．同研究所では学識経験者，鉄道事業者等の委員からなる「鉄道土木構造物の維持管理に関する研究委員会」（委員長：岡田勝也 国士舘大学教授）と「軌道の維持管理に関する研究委員会」（委員長：上浦正樹 北海学園大学教授）の2つの委員会を設置して，鉄道土木構造物と軌道の検査周期や健全度判定等に関する調査研究を行いました．

　鉄道局では，これらの委員会での調査研究の成果を踏まえ，平成19年1月に「鉄道構造物等維持管理標準」を制定し，全国の鉄道事業者に周知したところです．

　鉄道局が制定する「標準」は，鉄道事業者が遵守しなければならない安全基準（鉄道に関する技術上の基準を定める省令）に合致した設計や施工を，実務者が確実に行えるようとりまとめたものであり，これまでにコンクリート構造物をはじめとして数多くの標準が制定・改訂されています．

　これまでに制定した標準は「安全な鉄道構造物をいかにして作るか」という観点からとりまとめを行ってきた設計基準ですが，今回の標準は，「鉄道の安全をいかに維持するか」という観点から軌道・鉄道土木構造物の検査のあり方を検討し，鉄道事業者の実務を担当する方々が理解しやすい標準的な維持管理の手法としてとりまとめた維持管理標準です．

　具体的には，構造物の設置目的を達成するための要求性能を設定し，目視を基本とした検査により要求性能が満たされているかどうかを確認し，判定された健全度に応じて措置し，記録するという構造物の維持管理の流れを体系化して示しています．

　このたび，鉄道総合技術研究所が，これまでの調査研究で得られたデータの蓄積を活用して検査実務の一助となるよう標準に解説を加え，「鉄道構造物等維持管理標準・同解説」

として刊行されることは，誠に時宜を得たものであり，本書が維持管理業務に大いに活用されることを期待しています．

おわりに，岡田委員長をはじめ，本書の刊行に至るまで多大なご尽力を頂いた関係各位に対し，心から敬意と謝意を表します．

平成19年1月

国土交通省大臣官房技術審議官（鉄道局担当）

山　下　廣　行

刊行にあたって

　鉄道総合技術研究所では，省令・告示に関わる具体的な研究委託を国から受け，国土交通省の指導のもとに各分野の設計標準に関する委員会を設けて，条文策定に必要な調査検討を進めてきている．その成果として，土構造物，コンクリート構造物および鋼・合成構造物の3分野については平成4年10月に「鉄道構造物等設計標準・同解説」として刊行した．引き続き，基礎構造物・抗土圧構造物（平成9年3月），シールドトンネル（平成9年7月），鋼とコンクリートの複合構造物（平成10年7月），耐震設計（平成11年10月），開削トンネル（平成13年3月），都市部山岳工法トンネル（平成14年3月）等を刊行し，設計実務に広く活用して頂いている．最近では，変位制限（平成18年2月）も刊行した．

　一方，安全で安定的な鉄道輸送を維持していくためには，構造物の設計のみならず維持管理も重要である．本書「鉄道構造物等維持管理標準・同解説」は，平成19年1月に国土交通省鉄道局長から通達された「鉄道構造物等維持管理標準」に解説を加えたもので，平成13年5月から平成17年6月にかけて当研究所に設置した「鉄道土木構造物の維持管理に関する研究委員会」（委員長：岡田勝也　国士舘大学教授）において調査検討された成果に，巻末の付属資料を併せて今回の刊行としたものである．取り扱う構造物が多岐にわたるため，コンクリート構造物，鋼・合成構造物，基礎構造物・抗土圧構造物，土構造物（盛土・切土），トンネルの5分冊としている．

　本書に示された内容は，現時点における鉄道構造物維持管理の標準的な手法を示すもので，維持管理に関わる最新の研究成果を取り込むとともに，性能規定化の流れに沿って体系化されたものになっている．今後の技術の進歩や設計データの蓄積・更新によって，逐次，見直しや付属資料の充実をはかっていく必要があると考えられるものの，本書が，鉄道事業者が実施する構造物維持管理に大いに活用されることを期待している．

　おわりに，本標準の作成および審議にあたられた「鉄道土木構造物の維持管理に関する研究委員会」の委員長・各主査をはじめ，委員・幹事等の関係者各位の長期間にわたるご

努力に対し，深甚なる謝意を表する次第である．

平成19年1月

財団法人　鉄道総合技術研究所

理事長　秋　田　雄　志

まえがき

　現在供用中の鉄道土木構造物の大半は，明治から昭和初期および高度経済成長期に建設されたものである．これらは，複雑な地形・地質にあるだけでなく，地震や豪雨など環境から多様な影響を受けることも相まって，年々着実に経年化が進んでいる．今後も鉄道の安定・安全輸送を確保し続けるためには，これらの経年を経た土木構造物を適切に維持管理してゆくことが益々重要になっている．

　鉄道土木構造物の維持管理の方法が初めて体系化された指針は，昭和49年に国鉄により作成された「土木建造物の取替標準（土木建造物取替の考え方）」である．以降，国鉄の民営分割後においても，JR各社等では，この指針で示された検査の基本的な考え方に基づき維持管理業務が行われてきた．しかしながら，平成11年に相次いで生じた鉄道トンネルのコンクリートはく落問題を契機に，構造物の維持管理の重要性が再認識された．そして平成12年2月「運輸省トンネル安全問題検討会」（座長：足立紀尚京都大学教授（当時））によって「トンネル保守管理マニュアル」が策定され，トンネルに対しては，従来の定期検査に加えて，「初回全般検査」と「特別全般検査」を行うことが運輸省によって鉄道事業者に通達された．また，平成12年3月には，（旧）運輸省，建設省，農林水産省の3省が設置した「土木コンクリート構造物耐久性検討委員会」（委員長：町田篤彦埼玉大学教授（当時））の提言において，日常的な検査のほかに，全体を近接目視等により検査する定期検査の実施が謳われた．さらに，平成11年12月には，運輸技術審議会鉄道部会の「技術基準検討会中間とりまとめ」において，鉄道施設の安全性，安定性を確保するため，技術基準には定期的な機能確認のための規定を置く必要があることが指摘された．そして，平成13年12月には，「鉄道に関する技術上の基準を定める省令」が制定され，鉄道の技術基準を性能規定化することが示された．

　そこで，鉄道施設の検査のあり方を検討し，より適切な維持管理が可能となる検査周期やその方法などをとりまとめ，解釈基準としての鉄道土木構造物の維持管理標準を制定することを目的として，平成12年度に「鉄道土木構造物の維持管理に関する研究委員会」

(以降，本委員会と呼ぶ）が設置された．本委員会では，平成16年度までの延べ5年間にわたって審議が重ねられ，維持管理標準の取り纏めに至っている．

　検討にあたっては，本委員会の下にコンクリート構造分科会（主査：魚本健人東京大学教授），鋼・合成構造分科会（主査：森猛法政大学教授），基礎・土構造分科会（主査：岡田勝也国士舘大学教授），トンネル分科会（主査：朝倉俊弘京都大学教授）の4分科会を設置し，各構造物の個別の課題に関する検討を行った．また，検査区分や健全度判定区分などの各構造物に共通する項目については，本委員会を中心として横断的な検討を行った．

　維持管理標準の策定にあたっては，技術基準における性能規定化の流れを踏まえて，鉄道土木構造物に要求される性能を意識し，列車運行および旅客公衆の安全性を確保するための性能照査型維持管理体系を構築することを目指して検討を進めた．まず，各鉄道事業者における検査体制や構造物の現状などの実態を把握した上で，具体的な検討課題を抽出し，検討に着手した．具体的な検討課題としては，①検査区分，②検査周期，③検査員，④調査項目と方法，⑤健全度判定，⑥措置，⑦記録，の7点が主なものである．①検査区分については，各構造物に共通した検査体系として，初回検査，全般検査（通常全般検査，特別全般検査），随時検査を提案した．②検査周期については従来より規定されてきた全般検査の周期（2年）に関する検討を行い，2年を基本としつつ構造物の特性に応じて周期を延伸できる条件を示した．さらに，③検査員については検査員のあり方，④調査項目と方法については調査項目・調査箇所等の重点化や調査方法，⑤健全度判定については判定区分，⑥措置については措置方法の体系化，⑦記録については記録のあり方について具体的に言及した．

　本標準・解説の成案が得られるまでの間，国土交通省の指導のもと，各鉄道事業者との間において繰り返し検討WGが開催された．関係各位による度重なるご努力に対し，深く感謝の意を表する．

　鉄道事業者においては，鉄道土木構造物の安全性を確保し続けるために，この「維持管理標準・同解説」を適切に活用されることを切に願うものである．

　平成19年1月

鉄道土木構造物の維持管理に関する研究委員会

委員長　岡　田　勝　也

鉄道土木構造物の維持管理に関する研究委員会

(平成 17 年 6 月現在)

委員長	岡田　勝也	国士舘大学 工学部都市システム工学科 教授
委　員	魚本　健人	東京大学 生産技術研究所付属都市基盤安全工学国際研究センター長 教授
〃	丸山　久一	長岡技術科学大学 副学長
〃	宮川　豊章	京都大学 大学院工学研究科土木工学専攻 教授
〃	三木　千壽*	東京工業大学 大学院理工学研究科土木工学専攻 教授
〃	森　　猛	法政大学 工学部土木工学科 教授
〃	山口　栄輝	九州工業大学 工学部建設社会工学科 教授
〃	日下部　治	東京工業大学 大学院理工学研究科土木工学専攻 教授
〃	古関　潤一	東京大学 生産技術研究所人間・社会系部門 教授
〃	朝倉　俊弘	京都大学 大学院工学研究科社会基盤工学専攻 教授
〃	杉本　光隆	長岡技術科学大学 環境・建設系 教授
〃	吉野　伸一	北海道旅客鉄道株式会社 鉄道事業本部工務部 専任部長
〃	一條　昌幸*	北海道旅客鉄道株式会社 鉄道事業本部 工務部長
〃	石橋　忠良	東日本旅客鉄道株式会社 建設工事部 担当部長
〃	関　雅樹	東海旅客鉄道株式会社執行役員 総合技術本部技術開発部 次長
〃	後藤　晴男*	東海旅客鉄道株式会社 技術本部 副本部長
〃	丸山　　俊	西日本旅客鉄道株式会社 鉄道本部 施設部長
〃	東　憲昭*	西日本旅客鉄道株式会社 鉄道本部 施設部長
〃	近藤　隆士*	西日本旅客鉄道株式会社 鉄道本部 施設部長
〃	西牧　世博	四国旅客鉄道株式会社 鉄道事業本部 工務部長
〃	宮井　　徹*	四国旅客鉄道株式会社 鉄道事業本部 工務部長
〃	古賀　徹志	九州旅客鉄道株式会社 鉄道事業本部 施設部長
〃	細田　勝則*	九州旅客鉄道株式会社 鉄道事業本部 施設部長
〃	江村　康博*	九州旅客鉄道株式会社 鉄道事業本部 施設部長
〃	三枝　長生	日本貨物鉄道株式会社 保全工事部長
〃	松木　謙吉	京王電鉄株式会社 常務取締役鉄道事業本部長

委　　員	口　野　　　繁	南海電気鉄道株式会社 施設部長
〃	山　部　　　茂*	南海電気鉄道株式会社 施設部長
〃	中　島　宗　博	東京地下鉄株式会社 工務部長
〃	髙　橋　憲　司*	帝都高速度交通営団 工務部長
〃	佐　藤　恒　博*	帝都高速度交通営団 工務部長
〃	古　川　俊　明	東京都交通局 参事（技術管理担当）
〃	北　川　知　正*	東京都交通局 建設工務部長
〃	金　安　　　進*	東京都交通局 建設工務部長
〃	綿　谷　茂　則	大阪市交通局 建設部長
〃	林　　　保　正*	大阪市交通局 建設部長
〃	生　馬　道　紹	独立行政法人鉄道建設・運輸施設整備支援機構 鉄道建設本部 設計技術部 設計技術第一課長
〃	平　岡　愼　雄*	日本鉄道建設公団 設計技術室調査役
〃	佐　伯　　　洋	国土交通省 鉄道局技術企画課長
〃	山　下　廣　行*	国土交通省 鉄道局技術企画課長
〃	野　竹　和　夫*	国土交通省 鉄道局技術企画課長
〃	山　田　隆　二*	財団法人鉄道総合技術研究所 鉄道技術推進センター長
〃	市　川　篤　司	財団法人鉄道総合技術研究所 構造物技術研究部長
〃	村　田　　　修*	財団法人鉄道総合技術研究所 構造物技術研究部長
〃	藤　井　俊　茂	財団法人鉄道総合技術研究所 防災技術研究部長
〃	小　西　真　治	財団法人鉄道総合技術研究所 鉄道技術推進センター次長
〃	棚　村　史　郎*	財団法人鉄道総合技術研究所 鉄道技術推進センター次長

（＊印　途中退任の委員）

事務局　　　　　　　　　　　財団法人鉄道総合技術研究所　構造物技術研究部
　　　　　　　　　　　　　　　　　　コンクリート構造
　　　　　　　　　　　　　　　　　　鋼・複合構造
　　　　　　　　　　　　　　　　　　基礎・土構造
　　　　　　　　　　　　　　　　　　トンネル
　　　　　　　　　　　　　　　　防災技術研究部
　　　　　　　　　　　　　　　　　　地盤防災
　　　　　　　　　　　　　　　　　　地質
　　　　　　　　　　　　　　　　材料技術研究部
　　　　　　　　　　　　　　　　　　コンクリート材料

鉄道土木構造物の維持管理に関する研究委員会
基礎・土構造分科会

(平成17年6月現在)

主　査	岡田　勝也	国士舘大学 工学部都市システム工学科 教授
委　員	日下部　治	東京工業大学 大学院理工学研究科土木工学専攻 教授
〃	古関　潤一	東京大学 生産技術研究所 教授
〃	石川　修一	北海道旅客鉄道株式会社 鉄道事業本部工務部工務技術センター 所長
〃	高木　敏雄*	北海道旅客鉄道株式会社 鉄道事業本部工務部工事課 副課長
〃	興石　逸樹	東日本旅客鉄道株式会社 鉄道事業本部設備部課長 環境保全・経費管理GL
〃	加藤　正二	東日本旅客鉄道株式会社 鉄道事業本部設備部課長 構造物管理GL
〃	谷口　善則	東日本旅客鉄道株式会社 建設工事部構造技術センター 課長 基礎・土構造GL
〃	今井　政人*	東日本旅客鉄道株式会社 建設工事部構造技術センター 副課長
〃	丹間　泰郎	東海旅客鉄道株式会社 東海鉄道事業本部工務部施設課長
〃	三輪　一弘	東海旅客鉄道株式会社 総合技術本部技術開発部構造物チーム 土・基礎GL
〃	長縄　卓夫*	東海旅客鉄道株式会社 総合技術本部技術開発部 土・基礎・防災グループリーダー
〃	村田　一郎	西日本旅客鉄道株式会社 鉄道本部施設部（土木技術）担当マネジャー
〃	細岡　生也	西日本旅客鉄道株式会社 鉄道本部施設部（土木技術）主査
〃	神野　嘉希*	西日本旅客鉄道株式会社 鉄道本部施設部マネジャー（土木）
〃	泉並　良二*	西日本旅客鉄道株式会社 鉄道本部技術部 主査
〃	長田　文博*	西日本旅客鉄道株式会社 鉄道本部技術部 主席
〃	中田　昌典	西日本旅客鉄道株式会社 鉄道本部施設部 主幹
〃	光中　博彦	四国旅客鉄道株式会社 鉄道事業本部工務部工事課長
〃	高瀬　直輝*	四国旅客鉄道株式会社 高松保線区 助役
〃	兵藤　公顕	九州旅客鉄道株式会社 鉄道事業本部施設部工事課 副課長

委　　員	松　本　喜代孝*	九州旅客鉄道株式会社　鉄道事業本部施設部工事課　副課長（高速化計画）
〃	倉　石　　　保	日本貨物鉄道株式会社　ロジスティクス総本部物流システム本部保全部
〃	中　薗　　　裕*	日本貨物鉄道株式会社　ロジスティクス総本部物流システム本部保全部　主席
〃	古　瀬　　　円	相模鉄道株式会社　運輸事業本部工務部建設課長
〃	和　田　　　潔	南海電気鉄道株式会社　施設部工務課長
〃	金　森　哲　朗*	南海電気鉄道株式会社　施設部工務課長
〃	細　井　幸　雄*	南海電気鉄道株式会社　施設部工事課長
〃	西　村　正　和	東京地下鉄株式会社　工務部改良工事課長
〃	泊　　　弘　貞*	帝都高速度交通営団　工務部改良工事課長
〃	宮　田　信　裕*	帝都高速度交通営団　工務部改良工事課長
〃	堀　井　泰　紀	東京都交通局　建設工務部馬込保線管理所長
〃	清　水　幸　一*	東京都交通局　建設工務部計画課係長
〃	浅　岡　克　彦	大阪市交通局　建設技術本部計画部改良計画担当課長
〃	林　　　二　郎*	大阪市交通局　建設技術本部計画部改良計画担当課長
〃	丸　山　　　修	独立行政法人鉄道建設・運輸施設整備支援機構　鉄道建設本部設計技術室　上席調査役付課長補佐
〃	米　澤　豊　司*	独立行政法人鉄道建設・運輸施設整備支援機構　鉄道建設本部設計技術室　上席調査役付課長補佐
〃	秋　元　利　明	国土交通省　鉄道局技術企画課　専門官
〃	伊　藤　範　夫*	国土交通省　鉄道局技術企画課　課長補佐
〃	板　橋　孝　則	国土交通省　鉄道局技術企画課　土木基準係長
〃	今　村　　　徹*	国土交通省　鉄道局技術企画課　土木基準係長

（事務局側委員）

委　　員	市　川　篤　司	財団法人鉄道総合技術研究所　構造物技術研究部長
〃	村　田　　　修*	財団法人鉄道総合技術研究所　構造物技術研究部長
〃	藤　井　俊　茂	財団法人鉄道総合技術研究所　防災技術研究部長
〃	野　口　達　雄*	財団法人鉄道総合技術研究所　防災技術研究部長
〃	鳥　取　誠　一	財団法人鉄道総合技術研究所　構造物技術研究部　コンクリート構造　研究室長
〃	佐　藤　　　勉*	財団法人鉄道総合技術研究所　構造物技術研究部　コンクリート構造　研究室長
〃	谷　村　幸　裕	財団法人鉄道総合技術研究所　構造物技術研究部　コンクリート構造　主任研究員
〃	杉　本　一　朗	財団法人鉄道総合技術研究所　構造物技術研究部　鋼・複合構造　研究室長

委 員	村 田 清 満*	財団法人鉄道総合技術研究所 構造物技術研究部 鋼・複合構造 研究室長
〃	舘 山 勝	財団法人鉄道総合技術研究所 構造物技術研究部 基礎・土構造 研究室長
〃	羅 休	財団法人鉄道総合技術研究所 構造物技術研究部 基礎・土構造 主任研究員
〃	羽 矢 洋	財団法人鉄道総合技術研究所 構造物技術研究部 基礎・土構造 主任研究員
〃	澤 田 亮	財団法人鉄道総合技術研究所 構造物技術研究部 基礎・土構造 主任研究員
〃	小 島 謙 一	財団法人鉄道総合技術研究所 構造物技術研究部 基礎・土構造 主任研究員
〃	神 田 政 幸	財団法人鉄道総合技術研究所 構造物技術研究部 基礎・土構造 主任研究員
〃	稲 葉 智 明	財団法人鉄道総合技術研究所 構造物技術研究部 基礎・土構造 研究員
〃	濱 田 吉 貞	財団法人鉄道総合技術研究所 構造物技術研究部 基礎・土構造 研究員
〃	峯 岸 邦 行	財団法人鉄道総合技術研究所 構造物技術研究部 基礎・土構造 研究員
〃	水 野 進 正	財団法人鉄道総合技術研究所 構造物技術研究部 基礎・土構造 研究員
〃	西 岡 英 俊*	財団法人鉄道総合技術研究所 構造物技術研究部 基礎・土構造 研究員
〃	大 木 基 裕*	財団法人鉄道総合技術研究所 構造物技術研究部 基礎・土構造 研究員
〃	勅使河原 敦*	財団法人鉄道総合技術研究所 構造物技術研究部 基礎・土構造 研究員
〃	山 田 孝 弘*	財団法人鉄道総合技術研究所 構造物技術研究部 基礎・土構造 研究員
〃	永 尾 拓 洋*	財団法人鉄道総合技術研究所 構造物技術研究部 基礎・土構造 研究員
〃	小 島 芳 之	財団法人鉄道総合技術研究所 構造物技術研究部 トンネル 研究室長
〃	杉 山 友 康	財団法人鉄道総合技術研究所 防災技術研究部 地盤防災 研究室長
〃	村 石 尚*	財団法人鉄道総合技術研究所 防災技術研究部 地盤防災 研究室長
〃	布 川 修	財団法人鉄道総合技術研究所 防災技術研究部 地盤防災 副主任研究員
〃	佐 溝 昌 彦*	財団法人鉄道総合技術研究所 防災技術研究部 地盤防災 主任研究員

委　　員	榎　本　秀　明	財団法人鉄道総合技術研究所　防災技術研究部　地質　研究室長
"	木　谷　日出男*	財団法人鉄道総合技術研究所　防災技術研究部　地質　研究室長
"	太　田　岳　洋*	財団法人鉄道総合技術研究所　防災技術研究部　地質　主任研究員
"	小　西　真　治	財団法人鉄道総合技術研究所　鉄道技術推進センター　次長
"	棚　村　史　郎*	財団法人鉄道総合技術研究所　鉄道技術推進センター　次長
"	進　藤　良　則	財団法人鉄道総合技術研究所　鉄道技術推進センター　管理　課員
"	五十嵐　良　博*	財団法人鉄道総合技術研究所　鉄道技術推進センター　管理　副主査

（＊印：途中退任の委員）

目　　次

1章　総　　則 …………………………………………………………………………………1

　1.1　適　用　範　囲 ……………………………………………………………………1
　1.2　用　語　の　定　義 ………………………………………………………………3

2章　維持管理の基本 …………………………………………………………………………5

　2.1　一　　般 ………………………………………………………………………………5
　2.2　維持管理の原則 ………………………………………………………………………6
　2.3　維持管理計画 …………………………………………………………………………8
　2.4　構造物の要求性能 ……………………………………………………………………8
　2.5　検　　査 ………………………………………………………………………………9
　　2.5.1　一　　般 …………………………………………………………………………9
　　2.5.2　検査の区分と時期 ………………………………………………………………9
　　2.5.3　検　査　員 ………………………………………………………………………12
　　2.5.4　調　　査 …………………………………………………………………………12
　　2.5.5　変状原因の推定および変状の予測 ……………………………………………13
　　2.5.6　性能の確認および健全度の判定 ………………………………………………13
　2.6　措　　置 ………………………………………………………………………………16
　2.7　記　　録 ………………………………………………………………………………16

3章　初　回　検　査 …………………………………………………………………………17

　3.1　一　　般 ………………………………………………………………………………17

3.2	調査項目	18
3.3	調査方法	18
3.4	健全度の判定	18

4章 全般検査 ······ 19

4.1	一般	19
4.2	全般検査の区分	26
4.3	通常全般検査	26
4.3.1	一般	26
4.3.2	調査項目	27
4.3.3	調査方法	27
4.3.4	健全度の判定	27
4.4	特別全般検査	30
4.4.1	一般	30
4.4.2	調査項目	30
4.4.3	調査方法	30
4.4.4	健全度の判定	31

5章 個別検査 ······ 33

5.1	一般	33
5.2	調査	33
5.2.1	一般	33
5.2.2	調査項目	35
5.2.3	調査方法	35
5.3	変状原因の推定	35
5.4	変状の予測	36
5.5	性能項目の照査	36
5.6	健全度の判定	37

6章 随時検査 ······ 43

6.1	一般	43
6.2	調査項目	45

6.3 調査方法 ……………………………………………………… 45
6.4 健全度の判定 …………………………………………………… 45

7章 措　　　置 …………………………………………………… 47

7.1 一　　般 ………………………………………………………… 47
7.2 監　　視 ………………………………………………………… 48
7.3 補修・補強 ……………………………………………………… 48
7.4 使用制限 ………………………………………………………… 51
7.5 改築・取替 ……………………………………………………… 52
7.6 措置後の取扱い ………………………………………………… 53

8章 記　　　録 …………………………………………………… 55

8.1 一　　般 ………………………………………………………… 55
8.2 記録の項目 ……………………………………………………… 55
8.3 記録の保存 ……………………………………………………… 56

付　属　資　料

1. 通達条文（維持管理標準条文）………………………………… 59
2. 維持管理における性能の確認に関する考え方 ………………… 67
3. 盛土の変状に対する健全度の判定例 …………………………… 70
4. 切土の変状に対する健全度の判定例 …………………………… 75
5. 盛土の不安定性に対する健全度の判定例 ……………………… 80
6. 切土の不安定性に対する健全度の判定例 ……………………… 89
7. 簡易な調査方法と調査機器について …………………………… 99
8. 地すべり等に対する崩壊時間の予測 …………………………… 105
9. 限界雨量に基づく盛土・切土の危険度評価手法 ……………… 108
10. 岩石斜面の安定性評価手法 …………………………………… 116
11. 記録の例 ………………………………………………………… 129
12. 構造物の検査結果を記録するシステム ……………………… 132

1章 総　則

1.1 適用範囲

　本標準は，鉄道構造物の維持管理を行う場合に適用する．ただし，特別な検討により適切な維持管理が可能であることを確かめた場合は，この限りでない．

【解説】

　本標準は，鉄道構造物に対する検査手法および健全度の判定，さらに必要に応じて行う措置，記録等，一連の維持管理に関する基本的な考え方を示すものである．本標準は，本線において列車を直接的・間接的に支持する構造物，もしくは列車の走行空間を確保するための構造物の維持管理に適用するが，側線や関連施設などにおいても必要に応じて本標準を準用してよい．ただし，はく落等の公衆安全に関する事項については，本線，側線の区別なく適用するものとする．

　「鉄道構造物等維持管理標準・同解説（構造物編　土構造物（盛土・切土））」（以下，「本編（土構造物（盛土・切土））」）の適用範囲は，鉄道事業者が管理する盛土と切土およびそれらに付帯する防護設備，排水設備とする．なお，設計上土圧を想定している土留擁壁は，「鉄道構造物等維持管理標準・同解説（構造物編　基礎構造物・抗土圧構造物）」（以下，「本編（基礎構造物・抗土圧構造物）」）による．また，鉄道事業者が管理していない盛土，切土，小規模な自然斜面で検査が必要と判断された場合は，「本編（土構造物（盛土・切土））」を準用してよい．ただし，規模の大きな自然斜面については「本編（土構造物（盛土・切土））」の適用範囲外とする．

　なお，関連他編の適用範囲は以下の通りである．

　「鉄道構造物等維持管理標準・同解説（構造物編　コンクリート構造物）」（以下，「本編（コンクリート構造物）」）の適用範囲は，鉄筋コンクリート，プレストレストコンクリート，鉄骨鉄筋コンクリート，無筋コンクリート，れんが・石積造の橋梁および高架橋（支承部および高欄等も含む）とする．なお，橋梁の基礎，土留壁・土留擁壁，開削トンネル，函きょなどのコンクリート構造物に関しては，「本編（基礎構造物・抗土圧構造物）」，「本編（土構造物（盛土・切土））」あるいは「鉄道構造物等維持管理標準・同解説（構造物編　トンネル）」（以下，「本編（トンネル）」）によるものとするが，検査や措置等参考にできる部分については「本編（コンクリート構造物）」を準用してよい．

　「鉄道構造物等維持管理標準・同解説（構造物編　鋼・合成構造物）」（以下，「本編（鋼・合成構造物）」）の適用範囲は，鋼・合成土木構造物で，橋梁においては支承も含む．なお，鋼製橋脚基礎や，合成

構造物のコンクリート部分に関しては，「本編（基礎構造物・抗土圧構造物）」および「本編（コンクリート構造物）」によるものとするが，検査や措置等参考にできる部分については「本編（鋼・合成構造物）」を準用してよい．

　「本編（基礎構造物・抗土圧構造物）」の適用範囲は，構造物の基礎および土留擁壁とその基礎とする．ただし，橋台・橋脚・ラーメン高架橋などの変状のうち，基礎に起因して生じるものについては「本編（基礎構造物・抗土圧構造物）」においても取り扱う．

　「本編（トンネル）」の適用範囲は，鉄道トンネルとする．その他，覆い工（緩衝工等）についても，はく落に関する安全性の項目は「本編（トンネル）」を準用することができる．また，鉄道を横断するトンネルでも検査や措置等参考にできる部分については「本編（トンネル）」を参考とすることができる．

　なお，本標準の適用が適切でないと考えられる場合，あるいは新たに開発された技術を適用することにより，よりよい維持管理が可能になると考えられる場合は，構造物の種類や変状の実態を十分に理解した上で，本標準によらず最も適切と考えられる方法を採用してよい．

　付属資料1に，維持管理標準条文を示す．条文の中には，「**2.5.6　性能の確認および健全度の判定**」など，対象をトンネルや土構造物に限定したものもあるため，「本編（土構造物（盛土・切土））」では，土構造物に関係するものについて抜粋し，解説している．

　「本編（土構造物（盛土・切土））」に記述されていない事項で，参照すべき法令，基準，指針類のうち，主なものを次に示す．

① 「鉄道に関する技術上の基準を定める省令」：国土交通省令第151号（平成13年12月25日）
② 「施設及び車両の定期検査に関する告示」：国土交通省告示第1786号（平成13年12月25日）
③ 「鉄道構造物等維持管理標準・同解説（構造物編　コンクリート構造物）」：鉄道総合技術研究所（平成19年1月）
④ 「鉄道構造物等維持管理標準・同解説（構造物編　鋼・合成構造物）」：鉄道総合技術研究所（平成19年1月）
⑤ 「鉄道構造物等維持管理標準・同解説（構造物編　基礎構造物・抗土圧構造物）」：鉄道総合技術研究所（平成19年1月）
⑥ 「鉄道構造物等維持管理標準・同解説（構造物編　トンネル）」：鉄道総合技術研究所（平成19年1月）
⑦ 「鉄道構造物等設計標準・同解説（コンクリート構造物）」：鉄道総合技術研究所（平成16年4月）
⑧ 「鉄道構造物等設計標準・同解説（鋼・合成構造物）」：鉄道総合技術研究所（平成12年7月）
⑨ 「鉄道構造物等設計標準・同解説（鋼とコンクリートの複合構造物）」：鉄道総合技術研究所（平成14年12月）
⑩ 「鉄道構造物等設計標準・同解説（基礎構造物・抗土圧構造物）」：鉄道総合技術研究所（平成12年6月）
⑪ 「鉄道構造物等設計標準・同解説（土構造物）」：鉄道総合技術研究所（平成19年1月）
⑫ 「鉄道構造物等設計標準・同解説（シールドトンネル）」：鉄道総合技術研究所（平成14年12月）
⑬ 「鉄道構造物等設計標準・同解説（開削トンネル）」：鉄道総合技術研究所（平成13年3月）
⑭ 「鉄道構造物等設計標準・同解説（都市部山岳工法トンネル）」：鉄道総合技術研究所（平成14年3月）
⑮ 「鉄道構造物等設計標準・同解説（耐震設計）」：鉄道総合技術研究所（平成11年10月）
⑯ 「鉄道構造物等設計標準・同解説（変位制限）」：鉄道総合技術研究所（平成18年2月）

1.2 用語の定義

本標準では，用語を次のように定義する．

鉄 道 構 造 物：列車を直接的，間接的に支持する，もしくは列車の走行空間を確保するための人工の工作物．ただし仮設物を含まない．以下，構造物と記す．

維 持 管 理：構造物の供用期間において，構造物に要求される性能を満足させるための技術行為．

維持管理計画：検査および措置の方法等を定めたもの．

変　　　　状：構造物があるべき健全な状態から性能が低下している状態．

構造物の機能：目的に応じて構造物が果たす役割．

構造物の性能：構造物が発揮する能力．

要　求　性　能：目的および機能に応じて構造物に求められる性能で，一般には安全性，使用性，復旧性がある．

安　　全　　性：構造物が使用者や周辺の人の生命を脅かさないための性能．

使　　用　　性：構造物の使用者や周辺の人に不快感を与えないための性能および構造物に要求される諸機能に対する性能．

復　　旧　　性：構造物の機能を使用可能な状態に保つ，あるいは短期間で回復可能な状態に留めるための性能．

性　能　項　目：構造物が要求性能を満たしているか否かを判定するために照査する項目．

性能項目の照査：構造物が要求される性能項目を満たしているか否かを判定する行為．

性　能　の　確　認：性能項目の照査等によって得られた情報を基に，健全度を判定することで，構造物が要求性能を満たしているかどうかを確認する行為．

健　　全　　度：構造物に定められた要求性能に対し，当該構造物が保有する健全さの程度．

検　　　　査：構造物の現状を把握し，構造物の性能を確認する行為．

初　回　検　査：新設構造物および改築・取替を行った構造物の初期の状態を把握することを目的として実施する検査．

全　般　検　査：構造物の全般にわたって定期的に実施する検査で，通常全般検査，特別全般検査がある．

通常全般検査：構造物の変状等を抽出することを目的とし，定期的に実施する全般検査．

特別全般検査：構造物の健全度の判定の精度を高める目的で実施する全般検査．

個　別　検　査：全般検査，随時検査の結果，詳細な検査が必要とされた場合等に実施する検査．

随　時　検　査：異常時やその他必要と考えられる場合に実施する検査．

検　　査　　員：検査計画の策定および調査結果に基づく健全度の判定を行う者と，検査の区

調　　　　　査	構造物の状態やその周辺の状況を調べる行為．
目　　　　　視	変状等を直接目で見て行う調査．
入 念 な 目 視	構造物に接近する等して詳細に行う目視．
措　　　　　置	構造物の監視，補修・補強，使用制限，改築・取替等の総称．
監　　　　　視	目視等により変状の状況や進行性を継続的に確認する措置．
補　　　　　修	変状が生じた構造物の性能を回復させること，あるいは性能の低下を遅らせることを目的とした措置．
補　　　　　強	構造物の力学的な性能を初期の状態より高いものに向上させることを目的とした措置．
使 用 制 限	列車の運転停止，入線停止，荷重制限，徐行等により使用を制限する措置．
改　　　　　築	構造形式を部分的あるいは全体的に変更する措置，あるいは構造物の一部を取り壊して作り替える措置．
取　　　　　替	構造物全体を取り替える措置．
記　　　　　録	検査，措置，その他構造物の維持管理に必要な情報を記す行為，および記したもの．

冒頭に「分に応じて調査等を実施する者の総称．」

【解説】

　本標準の解説において使用する主な用語の定義を次に示す．

本　　　　　線：列車の運転に常用される線路．
側　　　　　線：本線でない線路．
ライフサイクルコスト：構造物の建設，運用，廃棄までの生涯に必要なすべての費用．
アセットマネジメント：構造物を資産としてとらえ，将来にわたる劣化による機能低下の程度や措置後の機能回復・向上の効果を把握するとともに，その資産の生み出す便益や災害等のリスクも考慮した上で最も費用対効果の高い方法を選択して維持管理を行う行為．
調　査　日：構造物の検査単位における現地調査の完了した日付．なお，「施設及び車両の定期検査に関する告示」（以下，「告示」と記す）に定める定期検査においては，調査日をもって，定期検査の実施日とすることができる．
検 査 責 任 者：検査員のうち，検査計画の策定および調査結果に基づく健全度の判定を行う者．
検 査 実 施 者：検査員のうち，検査の区分に応じて調査等を実施する者．
補　助　者：検査員が行う調査等を補助する者．
走 行 安 全 性：列車が安全に走行できる性能．
公 衆 安 全 性：構造物に起因した第三者への公衆災害を防止するための性能．
安　　　　　定：安全性に関する性能項目のうち，構造物の安定に係るもの．

　なお，本標準においては維持管理の実務を踏まえ，補強の用語を構造物の力学的な性能を初期の状態より高いものに向上させる場合にのみ用いるものとした．文献等においては，力学的な性能を回復，向上させる場合を広く補強と定義する場合もあるので，注意が必要である．

2章　維持管理の基本

2.1　一　　般

　構造物の維持管理は，構造物の目的を達成するために，要求される性能が確保されるように行うものとする．

【解説】
　すべての構造物は，外力や環境の影響によって経年とともに性能が低下する．したがって，想定される作用のもとで構造物本体あるいは構造物を構成する部材が継続して要求性能を満足している必要がある．そのために，設計・施工時には性能の低下を考慮に入れた様々な配慮が行われるが，一方で適切な維持管理を行うことにより性能低下のレベルを抑制することが極めて重要である．そこで，本標準においては，構造物が要求性能を満足しているかどうかを検査により確認し，必要に応じて措置し，記録を行うという性能規定型の維持管理体系の考え方を採用することとした．なお，ここでいう要求性能として，列車が安全に運行できるとともに，旅客，公衆の生命を脅かさないための性能（安全性）を考慮しなければならないが，必要に応じて使用性や復旧性などを考慮することができる．また，要求性能は供用期間中に変化することがあるので，実状に応じて構造物が要求性能を満足しているかどうかを適宜，確認する必要がある．

　変状には，部材の一部に発生するものから構造物全体にわたるものまで，その種類と程度は千差万別であり，それぞれの変状が構造物の性能にどのように関連しているかを把握することは容易ではない．また，性能の確認には，性能項目の照査のほか，変状原因の推定や変状の予測を含めて総合的な評価が必要と考えられる．本標準では，検査および措置の方法等を定めた維持管理計画に基づき，以下の手順により維持管理を行うこととしている．まず，変状の抽出を主な目的として目視を基本とした調査を行う．次に，調査により抽出された変状のうち，性能を低下させている程度が比較的大きな変状については詳細な調査を行い，その情報に基づき変状原因の推定や変状の予測，さらに性能項目の照査を行う．それらの結果を基に健全度を判定し，構造物が要求性能を満足しているかどうかを確認する（**解説図 2.1.1**）．なお，要求性能が満足されていないか，満足されなくなるおそれがある場合等には措置を行う．

　以上のように，本標準では性能規定化の流れに沿った維持管理の体系化を図っているが，これまで行われてきている維持管理の内容を変えるものではなく，性能規定化の中での維持管理の位置付けをより明確にしたものである．

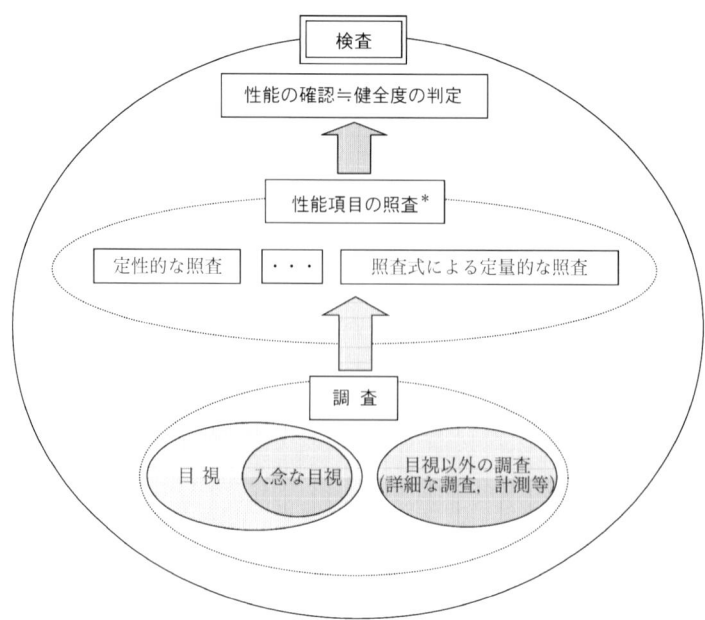

＊全般検査においては主に目視による調査が行われ，健全度が判定される．変状がないか軽微である場合には，そのことをもって構造物が所要の性能を有するとみなされ，性能の確認がなされる．したがって，全般検査における目視は，安全性に関する性能項目（盛土の沈下，き裂等）を定性的に照査している行為と考えることができる．また，個別検査等においては，性能項目の照査を詳細に実施することになる．性能項目を詳細に照査する方法としては，入念な目視等に基づく定性的な照査，あるいは照査式による定量的な照査等がある．

解説図 2.1.1　維持管理における検査の考え方

2.2　維持管理の原則

（1）　構造物の維持管理にあたっては，構造物に対する要求性能を考慮し，維持管理計画を策定することを原則とする．

（2）　構造物の供用中は，定期的に検査を行うほか，必要に応じて詳細な検査を行うものとする．

（3）　検査の結果，健全度を考慮して，必要な措置を講じるものとする．

（4）　検査および措置の結果等，構造物の維持管理において必要となる事項について，適切な方法で記録するものとする．

【解説】

維持管理は，下記の内容を踏まえて行うものとする．構造物の標準的な維持管理の手順を**解説図 2.2.1**に示す．

（1）について

鉄道事業者は，構造物の要求性能を考慮した上で「**2.3　維持管理計画**」に基づき適切な維持管理計画

を策定し，これにより構造物が供用期間を通じてその要求性能を満足するよう維持管理しなければならない．構造物の要求性能については「**2.4** 構造物の要求性能」によるものとする．

(2)について

構造物の供用中は，その構造物が鉄道事業者の定める要求性能を満足しているか否かを把握するため，「**2.3** 維持管理計画」に従って必要な検査を実施し，構造物の現状を正確に把握することが重要である．検査の実施については「**2.5** 検査」によるものとする．

なお，軌道の維持管理の中で実施される線路巡視により，構造物の変状が発見されることがあることから，それらの情報にも注意を払っておくのがよい．

(3)について

措置の方法および措置の時期に関しては，変状の状況や変状の予測の結果に基づき適切なものを選択しなければならない．なお，措置の実施については「**2.6** 措置」によるものとする．

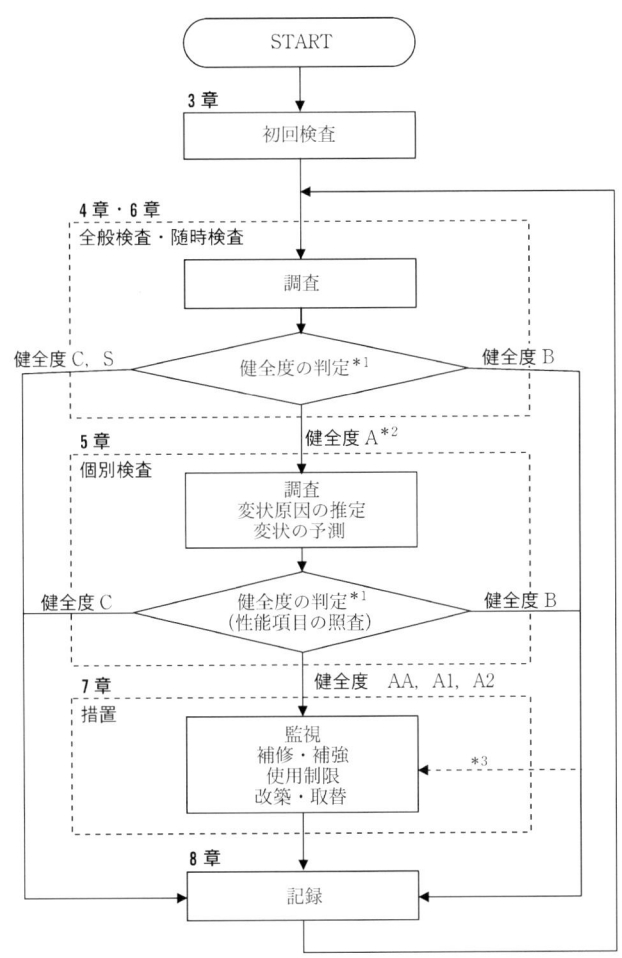

*1 健全度については，「**2.5**検査」参照
*2 健全度 AA の場合は緊急に措置を講じた上で，個別検査を行う．
*3 必要に応じて，監視等の措置を講じる．

解説図 2.2.1 構造物の標準的な維持管理の手順

(4)について

将来の維持管理を合理的に行うため，検査，措置等の結果のうち必要なものについて記録するものとし，参照しやすい形で保存するものとする．なお，記録の実施については「**2.7　記録**」によるものとする．

2.3　維持管理計画

構造物の維持管理にあたっては，検査および措置の方法等を定めた維持管理計画を策定することを原則とする．

【解説】

鉄道事業者は，構造物が供用期間内において鉄道事業者の定める要求性能を満足するように，維持管理計画を策定するものとする．

維持管理計画は，構造物の維持管理において検査および措置の方法等を定めたもので，構造物の維持管理にあたっては，これを策定することを原則とする．なお，維持管理計画の策定にあたっては，本標準に基づいて策定してよい．

また，近年においては，構造物の建設から廃棄までのトータルコストを意識し，適切な補修・補強や取替を検討するという視点にたったライフサイクルコスト評価手法，さらには合理的な維持管理費の運用を目指すアセットマネジメントといった手法が検討されている．これらを構造物の維持管理に導入することで，より合理的な維持管理が可能となることも考えられる．これらの技術は，まだ検討すべき点が残されているが，今後これらの手法の導入についても適宜，検討するのがよい．

2.4　構造物の要求性能

（1）　構造物の維持管理にあたっては，構造物に要求される性能を定めるものとする．
（2）　構造物の要求性能として，安全性を設定するものとする．なお，本標準における安全性は，列車が安全に運行できるとともに，旅客，公衆の生命を脅かさないための性能とする．
（3）　構造物の要求性能として，必要に応じて適宜，使用性や復旧性を設定するものとする．

【解説】
（1）について

本標準は，性能規定化に対応した標準として，検査から措置，記録に至るまでの構造物の維持管理の一連の流れを体系化して示したものである．構造物の維持管理にあたっては，要求される性能をあらかじめ定めた上で，検査対象となる構造物が所要の性能を有するか否かを確認することが基本となる．

（2），（3）について

構造物の種類は多様であり，要求される性能も様々なものが考えられるが，本標準では要求性能として列車が安全に運行できるとともに，旅客，公衆の生命を脅かさないための性能である安全性を設定するも

のとする．その他の要求性能としては使用性，復旧性が挙げられるが，これらの性能については必要に応じて適宜設定するものとする．

土構造物においては，維持管理における性能項目の照査として，照査式等による定量的な照査の手法のみならず，経験等に基づく定性的な照査の方法を用いることもできる．

2.5 検　　査

2.5.1 一　　般

構造物の検査は，構造物の変状やその可能性を早期に発見し，構造物の性能を的確に把握するために行うものとする．

【解説】
本標準では，構造物の現状を把握し，構造物の性能を確認する行為を検査という．

構造物の検査は，構造物の性能が要求性能を満足しているか否かを適切に判定できる方法で行わなければならない．また，構造物が置かれている環境条件および既往の検査記録等に基づき，適切な時期に検査を行うことも重要である．

2.5.2 検査の区分と時期

(1) 検査の区分は，初回検査，全般検査，個別検査および随時検査とし，全般検査は，通常全般検査および特別全般検査に区分する．
(2) 検査の周期は，「施設及び車両の定期検査に関する告示」に基づき，適切に定めるものとする．

【解説】
(1) について

解説図 2.5.1 に構造物の検査の区分を示す．

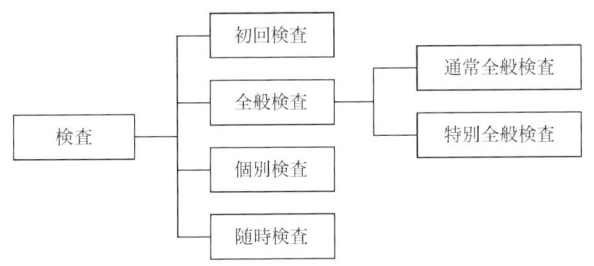

解説図 2.5.1　構造物の検査の区分

1) 初回検査

構造物の初期状態の把握等を目的に，新設工事，改築・取替を行った構造物の供用開始前に行う検査である．なお，大規模な補修・補強を実施した構造物についても必要に応じて実施するとよい．

2) 全般検査

構造物全般の健全度を把握するとともに，個別検査の要否，措置の要否について判定することを目的とする定期的な検査である．

①通常全般検査

構造物の変状等を抽出することを目的とし，定期的に実施する全般検査である．

②特別全般検査

構造種別や線区の実態に合わせて，必要に応じて行う検査である．検査の目的は，健全度の判定の精度を高めることである．なお，「告示」第2条4.では，詳細な検査等により所要の性能が確認された場合は検査の基準期間を延長することができると定められているが，この詳細な検査等は，本標準においては特別全般検査が該当する．ただし，土構造物については，検査周期延伸のための特別全般検査を行わないこととする．

3) 個別検査

個別検査は，全般検査および随時検査において，健全度Aと判定された構造物および必要と判断された構造物に対して実施する検査である．検査の目的は，詳細な調査に基づき，変状原因の推定，変状の予測，性能項目の詳細な照査を行って精度の高い健全度の判定を実施することである．個別検査により，措置の要否，措置する場合の時期，方法等について詳細な検討が可能となる．

4) 随時検査

随時検査は，地震や大雨，融雪による異常出水等の災害による変状が発生した場合および変状を生じた構造物と類似の構造を有し，同様の変状が発生する可能性がある場合等，必要と判断された場合に行う検査である．

なお，コンクリートのはく落等が第三者の安全に重大な影響を及ぼすと考えられる場合においても，適宜実施するものとする．

土構造物の場合は，周辺の環境の変化がそれらの安定性に大きな影響を及ぼす．したがって，通常全般検査では把握しきれない範囲の周辺環境の変化を捉えることが重要であるが，こうした広域的な調査も随時検査に区分する．

(2) について

本標準においては，**解説図2.5.1**に示す全般検査が「告示」（第二条：線路の定期検査）における定期検査に相当する．「告示」では，検査周期を短縮する必要があると認められる場合を除き，構造物の定期検査を2年ごとに行なうことを基本としており，検査基準日（検査を実施すべき時期を決定する基準となる日）を定めて検査基準日の属する月の前後1ヶ月を含む3ヶ月の間に定期検査を実施することとしている．**解説図2.5.2**に，検査周期の考え方を示す．

構造物の検査は，構造物の特性や状況に応じた適切な時期を決定し，同じ時期に定期的に行うことが重要となる．特に，土構造物や基礎構造物，抗土圧構造物，トンネルのような地盤と接する構造物は，地下水位や周辺環境等の季節変動による影響を受けやすい．そのため，構造物の経年的変化を正しく把握するには，検査を毎回同じ季節に行うことが重要となる．また，周辺の地盤状況を把握するためには，夏の草が繁茂する時期や降雪期を避けて，適切な時期に検査することが望ましい．一方，桁の伸縮状況やトンネルの漏水の程度等を調査するには，季節変動の影響を確認する必要があるため，随時検査等により全般検査を補完することが重要である．

検査において，調査日と健全度の判定日は同一日であることが基本である．しかしながら，

・調査を外注する場合
・検査の単位が大きく，調査に数日を要し，一括して判定する場合

などにおいては，調査日と判定日に時差が生じることも想定される．この場合，検査責任者による健全度の判定日を検査の実施日とすると，この時差が原因で「告示」に定める検査周期が遵守されないおそれがある．また，場合によっては，調査時に健全度 AA に相当する緊急に使用制限等の措置を行うべき変状が発見されることもあり得る．このような理由から，本標準では調査日を検査の実施日とすることを標準としている．

なお，調査後すみやかに判定を行うことができるように，構造物の検査単位をむやみに大きくしないなど，適切な検査計画をたてておくことも重要である．

以下のような特別な理由がある場合は，これを記録した上で，その理由が終了するまで，検査を延期することができる．

1) 輸送障害により検査ができない場合．
2) 事故・災害により検査を行うことができない場合．なお，他の箇所の事故・災害により，その検査を中止して対応する必要が生じた場合も同様とする．

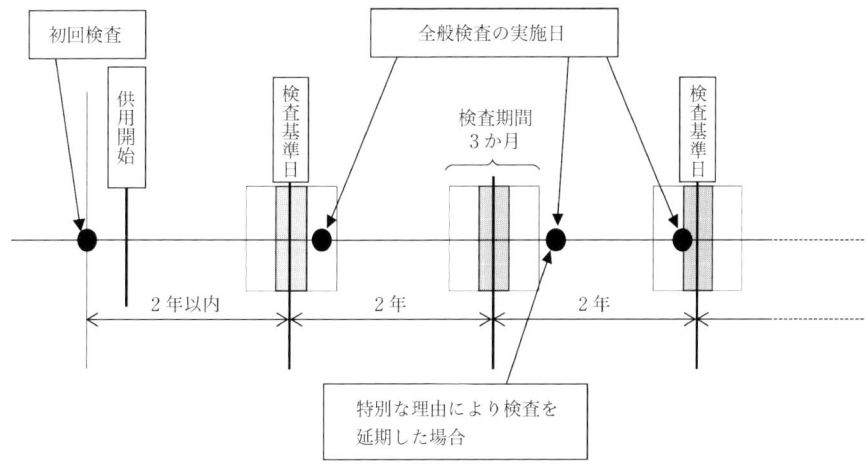

解説図 2.5.2 検査周期の考え方

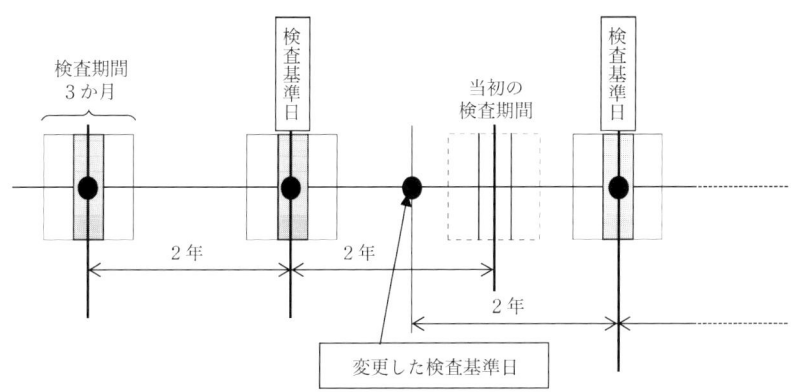

解説図 2.5.3 起算となる検査基準日を変更する場合

3) 天候不良等により検査の実施が困難な場合．
4) その他やむを得ない事由により検査体制が整わない場合．

上記理由が終了した場合は，すみやかに検査を実施しなければならない．この場合，検査基準日を変えずに次回の全般検査までの期間を短縮し，告示で定める周期を遵守することを基本とする（**解説図 2.5.2** 参照）．

なお，正当な理由により現行の検査基準日を変更する必要がある場合には，次の検査までの期間を短縮することにより，検査周期の起算となる検査基準日を変更できる（**解説図 2.5.3** 参照）．

さらに，鋼・合成構造物，コンクリート構造物（トンネルおよび抗土圧構造物を除く）において，特別全般検査を実施し，部材の劣化や構造物の安定性，周辺環境等に関する健全度が数年程度では変化しないと判断される構造物の場合については，「告示」により全般検査の周期を延伸することができる．詳細については「**4.4 特別全般検査**」によることとする．

また，コンクリートのはく離・はく落等が発生した場合に第三者に危害が及ぶおそれのある構造物に対しては，必要に応じて適宜，随時検査を実施することが重要である．

2.5.3 検 査 員

検査員は，構造物の維持管理に関して適切な能力を有する者とする．

【解説】

検査員は，検査計画の策定および調査結果に基づく健全度の判定を行う検査責任者と，検査の区分に応じて調査等を実施する検査実施者からなる．また，一般に，検査業務は検査員に加えて検査員の行う調査等を補助する補助者によって行われる．なお，検査責任者については，業務を外部に委託することは基本的にできない．

検査業務を行う者は，検査を行うのに必要な知識および技能を保有する必要がある（鉄道に関する技術上の基準を定める省令第10条）．特に，検査員（検査責任者および検査実施者）は，維持管理を行うために適切な能力，すなわち各種調査や健全度の判定を行う能力を有している必要がある．

検査実施者の業務を外部に委託する場合は，検査実施者が適切な能力を有していることを確認する必要がある．その方法として，公的機関の定める資格による方法，鉄道事業者の定める資格による方法，鉄道事業者の指定する講習会を修了したものに検査員資格を授与する方法，構造物の検査業務に従事した経験年数から判断する方法などが挙げられる．

特に，検査周期の延伸を目的として行う特別全般検査に携わる検査員については，構造物の検査に精通し，構造物が健全であるか否かを的確に判断する能力が求められるため，直轄，外注の如何を問わず，公的機関の定める適切な資格，あるいは構造物の検査業務に従事した十分な経験年数のいずれかを有する必要がある．

2.5.4 調 査

調査は，検査の区分に応じて，適切な方法により実施するものとする．

【解説】

調査は，検査の区分，構造物の変状の種類に応じ，適切な方法により実施するものとする．

1) 初回検査

初回検査における調査は，入念な目視を基本とし，構造物の実状を考慮し，必要に応じてその他の方法により実施するものとする．

2) 全般検査

①通常全般検査

通常全般検査における調査は，目視を基本として実施するものとする．

②特別全般検査

特別全般検査における調査は，入念な目視によるほか，必要に応じて各種の方法により実施するものとする．

3) 個別検査

個別検査における調査は，入念な目視を基本とし，変状の状態により各種の詳細な調査を実施するものとする．

4) 随時検査

随時検査における調査は，目視を基本とし，構造物の実状を考慮し，必要に応じてその他の方法により実施するものとする．

2.5.5 変状原因の推定および変状の予測

（1） 個別検査においては，変状原因の推定および変状の予測を行うことを原則とする．全般検査，随時検査においても，必要に応じて変状原因の推定および変状の予測を行うのがよい．

（2） 変状原因の推定および変状の予測は，調査の結果に基づき，適切な方法により行うものとする．

【解説】

（1）について

変状が生じている構造物については，健全度の判定および措置の策定のために変状原因の推定および変状の予測を行うことが重要である．

精度の高い健全度の判定が要求される個別検査においては，変状原因の推定および変状の予測を行うことを原則とする．全般検査，随時検査においては，必要に応じて行なうものとする．

（2）について

変状原因の推定は，調査の結果に基づき行うものとする．なお，この場合，変状の原因が環境条件や使用条件などの外的な原因によるものか，あるいは設計条件や施工条件，使用材料といった構造物の内的な要因によるものか，両面について検討するものとする．

また，変状の予測は，過去の検査データ等を参考に，その発生の可能性あるいは今後の進行について適切に行う必要がある．

なお，変状原因の推定の詳細は「5.3 変状原因の推定」を，変状の予測の詳細は「5.4 変状の予測」をそれぞれ参照されたい．

2.5.6 性能の確認および健全度の判定

（1） 性能の確認は，健全度の判定により行うものとする．健全度の判定は，検査の区分に応じて，調査，変状原因の推定および変状の予測等の結果に基づき，適切な判定区分を設けて行うことを原則とする．

（2） 健全度の判定区分は，**表 2.5.1**を標準とし，各構造物の特性等を考慮し，定めることを原則とする．

表 2.5.1 構造物の状態と標準的な健全度の判定区分

健全度		構造物の状態
A		運転保安，旅客および公衆などの安全ならびに列車の正常運行の確保を脅かす，またはそのおそれのある変状等があるもの
	AA	運転保安，旅客および公衆などの安全ならびに列車の正常運行の確保を脅かす変状等があり，緊急に措置を必要とするもの
	A1	進行している変状等があり，構造物の性能が低下しつつあるもの，または，大雨，出水，地震等により，構造物の性能を失うおそれのあるもの
	A2	変状等があり，将来それが構造物の性能を低下させるおそれのあるもの
B		将来，健全度Aになるおそれのある変状等があるもの
C		軽微な変状等があるもの
S		健全なもの

注：健全度 A1，A2 および健全度 B，C，S については，各鉄道事業者の検査の実状を勘案して区分を定めてもよい．

（3） 土構造物については，**表 2.5.1**において健全度 A を A1，A2 に細分化しないことを基本とする．

【解説】

（1）について

構造物に生じる変状は，部材の一部に発生するものから構造物全体にわたるものまで，その種類と程度は千差万別である．それらのすべての変状に対して，それぞれの変状が構造物の性能低下にどのように影響するのかを把握することは容易ではない．また，適切な維持管理を行うためには，変状原因の推定や変状の予測を行い，それらの情報を含めて総合的に判定を行う必要があると考えられる．よって本標準では，調査結果をもとに健全度を判定することによって要求性能を満たしているかどうかを確認することとした．

全般検査および随時検査における調査は目視を基本とするが，目視による調査のみでは構造物の安定性や材料の劣化程度に関する情報を高い精度で得ることが困難であり，定量的に性能の確認を行うことは難しい．このような場合については安全側に健全度の判定を行い，疑わしいものについては個別検査を要する構造物として取り扱うことが大切である．

（2），（3）について

健全度は**表 2.5.1**に基づき A，B，C，S に区分することを原則とする（**解説表 2.5.1**）．

ここで，健全度 A と判定されたもののうち，健全度 AA と判定された構造物は，運転保安，旅客および公衆などの安全ならびに列車の正常運行の確保を脅かす変状等があるため，緊急に使用制限，補修・補強あるいは必要に応じて改築・取替等の措置を講じる必要がある．また，全般検査および随時検査で健全

解説表 2.5.1 標準的な健全度と変状の程度等との関係

健全度		運転保安，旅客および公衆などの安全に対する影響	変状の程度	措置等
A	AA	脅かす	重大	緊急に措置
	A1	早晩脅かす 異常時外力の作用時に脅かす	進行中の変状等があり，性能低下も進行している	早急に措置
	A2	将来脅かす	性能低下のおそれがある変状等がある	必要な時期に措置
B		進行すれば健全度Aになる	進行すれば健全度Aになる	必要に応じて監視等の措置
C		現状では影響なし	軽微	次回検査時に必要に応じて重点的に調査
S		影響なし	なし	なし

注1：本表は安全性について標準的な健全度と変状程度等との関係を記述したものであり，使用性や復旧性を考慮する場合には別途定めるものとする．
注2：土構造物の場合は，必要によりA1，A2に区分する．

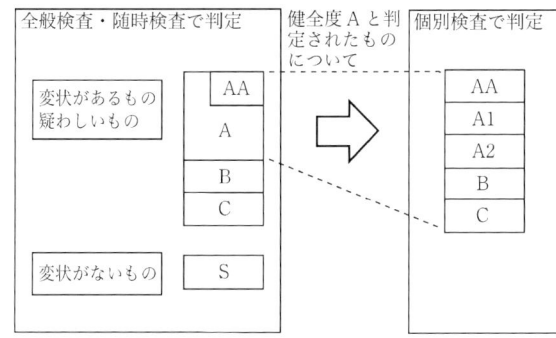

解説図 2.5.4 標準的な健全度の例

度Aと判定された構造物に対しては，個別検査を行い，再度健全度を判定することになる（**解説図2.5.4**）．

健全度A1または健全度A2と判定された構造物は，既に変状等があり，それが将来進行することで構造物の性能が一層低下することが予想されるため，早急あるいは必要な時期に措置を講じる必要がある．

なお，土構造物以外の構造物の場合，個別検査において健全度Aを健全度A1，A2に細分化することとしているが，土構造物の場合は，健全度Aを健全度A1，A2に細分化しないことを基本とした．これは，盛土や切土における個々の特性が異なること，および地域ごとに気象条件が大きく異なることから定量的な評価が困難な場合が多いため，健全度Aを健全度A1，A2に区分することが難しいことによる．ただし，事業者の判断により健全度A1，A2に区分可能である場合は，必要により区分してもよい．

健全度Bと判定された構造物は，将来，健全度Aとなるおそれがあるため，必要に応じて監視等の措置を講じる．

健全度Cまたは健全度Sと判定された構造物は，変状がないか，あっても軽微であるため，特に措置を行う必要はない．ただし，健全度Cの構造物については，次回検査時に変状が進行していないかどうかを必要に応じて重点的に調査するのがよい．

2.6 措　　置

措置は，健全度等を考慮して実施するものとする．

【解説】

措置の選定および時期の設定は，維持管理計画に基づき，構造物の健全度，重要度，施工性，経済性等を考慮し，適切に行うものとする．

2.7 記　　録

検査，措置，その他構造物の維持管理に必要な情報については，記録し，保存するものとする．

【解説】

検査および措置の記録は，構造物の維持管理を行う上で重要な資料であるとともに，類似の構造物の維持管理を行う上での貴重な参考資料となることから，参照しやすい形に記録し，適切な方法により保存するものとする．

3章 初回検査

3.1 一 般

（1） 初回検査は，新設構造物および改築・取替を行った構造物の初期の状態を把握することを目的として実施するものとする．
（2） 初回検査は，供用開始前に実施するものとする．

【解説】
(1) について

　初回検査は，新設構造物および改築・取替を行った構造物を対象に，構造物の初期の状態を把握することを目的として実施する検査である．また，大規模な補修・補強が行われた場合においても必要に応じて初回検査を実施するのがよい．

　初回検査の記録は，構造物の供用期間中に実施される各種検査の基礎資料となることから，初回検査の実施に際しては，手戻りのないように適切に調査項目および調査手法を設定する必要がある．初回検査にあたっては，「4.1　一般」【解説】で示す盛土や切土の崩壊形態とその原因を考慮した上で，必要となる調査項目や調査方法を選定する必要がある．なお，構造物完成時の検査において初回検査相当の検査が行われる場合にはこの検査の結果を利用してもよい．

　既存の構造物については，一般に初期の状態を把握することが困難である．このような構造物については，過去に実施した全般検査等の記録の中で適切と考えられるものを，初回検査相当の記録として扱うことが，良好な維持管理計画を策定する上で望ましい．

(2) について

　初回検査は，**解説図3.1.1**のように供用開始前に実施するものとする．

　なお，構造物の完成から供用開始までの間が長期にわたる場合，構造物完成時の検査のデータ等により構造物の初期状態を把握しておくことが，構造物を維持管理する上で重要といえる．

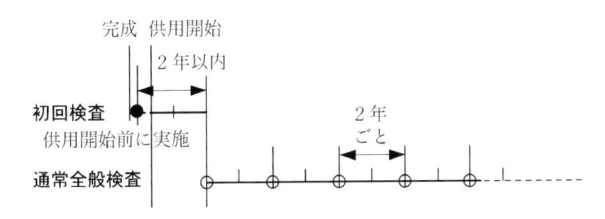

解説図 3.1.1　初回検査の実施時期

3.2　調査項目

初回検査における調査項目は，通常全般検査における「**4.3.2　調査項目**」に準ずるほか，必要に応じて調査項目を適宜，設定するものとする．

【解説】

初回検査は，主に以下の項目について初期状態を把握するものとする．
①盛土・切土の状態
②防護設備，排水設備の状態
③周辺環境

盛土や切土，およびそれらに付帯する防護設備や排水設備の初期状態を把握しておくことは，以後の検査で新たな変状の発生や変状の進行がないかどうかを確認するために必要なことである．また，盛土や切土の周辺環境の変化は，盛土や切土自体の安定性に大きな影響を及ぼす．このため，周辺環境の初期状態を把握しておくことは，以後の検査で環境の変化を確認する上で，特に重要である．

3.3　調査方法

初回検査における調査方法は，入念な目視を基本とする．なお，構造物の実状を考慮し，必要に応じて目視以外の方法により実施するものとする．

【解説】

初回検査の調査は，設計図書や工事・施工記録等をもとにした目視を基本とする．ただし，必要に応じて土や岩の物理的性質，盛土自体や切土表層の地盤強度，地質構造等を知るために，土質試験，岩石試験，ボーリング調査，簡易動的コーン貫入試験（簡易貫入試験）等のサウンディング試験，岩盤の割れ目調査，盛土や切土の断面測量等を行う．さらに山間部に位置するような盛土や切土では，周辺の地形，地質などを把握するために，空中写真判読，周辺の踏査等を行うことが望ましい．なお，これらのデータが工事の計画・施工時に得られている場合は，それらを使用してもよい．

3.4　健全度の判定

初回検査における健全度の判定は，通常全般検査における「**4.3.4　健全度の判定**」に準ずるものとする．

【解説】

設計図書や工事・施工記録を基にした調査の結果，盛土や切土，およびそれらに付帯する防護設備・排水設備の状態に変状が見られない場合は，盛土や切土の健全度に問題はないと考えられる．ただし，盛土や切土の立地条件や周辺環境によっては盛土や切土に雨水が集中しやすい状態となっていることもあるため，「**4.3.4　健全度の判定**」【解説】に示す盛土や切土の不安定性に対する健全度の判定を行うことが必要である．

4章　全般検査

4.1　一　　般

全般検査は，構造物の状態を把握し，健全度の判定を行うことを目的として，定期的に実施するものとする．

【解説】

盛土，切土の維持管理は，それらが崩壊することによって発生する災害を未然に防ぐことに重点がおかれる．したがって，他の構造物とは異なる盛土や切土独自の特性をよく理解することが重要である．盛土，切土の主な特性は，

①線区にもよるが，一般的に他の構造物と比較し検査の対象となる箇所が多い
②盛土や切土の変状や崩壊の誘因は，降雨や地震等の自然外力である場合が多い
③盛土や切土の変状や崩壊には，それら自体の状態のみならず，周辺の環境条件が影響する
④盛土や切土に発生する変状や崩壊の形態は多様であり，それらの素因となる周辺の環境条件も多様である
⑤植生が繁茂している場合には変状を発見しにくい
⑥き裂等の変状を発見した時には安定性が著しく低下している場合があり，その場合には緊急の措置が必要となる
⑦変状等が現れることなく突発的に崩壊に至る場合がある
⑧大雨時など盛土や切土の強度が最も低下する時点での安定性を推定する必要がある

などが挙げられる．

したがって，これらの特性を考慮すると盛土や切土の健全度を判定するためには，変状を把握することと同時に，変状は見られないがそれら自体の不安定性についても把握することが必要である．例えば，き裂等の変状を発見した時には盛土や切土の安定性が著しく低下している場合があり，その場合には緊急の措置が必要となることから，それ以前の段階で崩壊のおそれがあるものを把握しておかないと有効な措置を行うことができない．そのため，盛土や切土の検査では，(1) 変状に対する調査と (2) 不安定性に対する調査のそれぞれを適切な方法で行うことが必要となる．

また，盛土や切土の維持管理にあたっては，それらに現れる崩壊形態とその原因についてよく認識しておかなければならない．以下，盛土と切土の場合に分けて，それぞれの崩壊形態とその原因について述べ

る．

1) 盛　土

　一般的に降雨が誘因となる鉄道の盛土の崩壊形態には，①侵食崩壊，②表層崩壊，③深いすべり崩壊が挙げられる（**解説図 4.1**）[1]．

　侵食崩壊は，流水によってのり面の表層部分が削られるもので，のり面に水が集中して流下することによって発生する．また，表層崩壊は主として盛土の土羽部分（盛土本体の上に植生の繁茂や整形を目的として投入された土の部分）がのり面下方にすべるものであり，深いすべり崩壊は盛土本体が円弧状のすべり面を形成して崩壊するものである．表層崩壊と深いすべり崩壊は，降雨の浸透に伴う土の強度変化や間隙水圧の変化により，土のすべりに対する抵抗力が減少して発生する．盛土の崩壊に対する健全度を判断するためには，盛土本体の状態を把握することはもちろんのこと，盛土周辺の環境条件も含めた水の流れの状況やその集中度を把握することが重要となる．

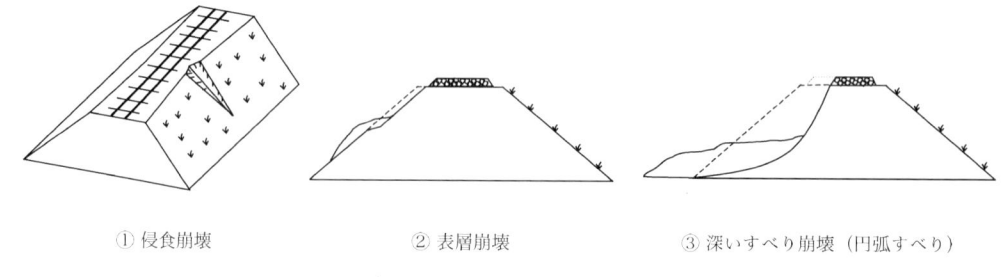

①　侵食崩壊　　　　　　②　表層崩壊　　　　　　③　深いすべり崩壊（円弧すべり）

解説図 4.1　盛土の崩壊形態[1]

　盛土崩壊の素因としては，(a) 盛土本体，(b) 基礎地盤，(c) 周囲の環境条件が挙げられる．以下に，これら (a)～(c) について主なものを述べる．

（a）　盛土本体

1)　植生の不活着

　のり面の植生が十分に繁茂していない，または，のり面の土が粘着力のない砂の場合には，特定の部分に雨水が集中して流下すると侵食崩壊が発生することがある．

2)　土羽部分の締固め不足（**解説図 4.2**）

　盛土の土羽部分がゆるく，一方で盛土本体はよく締まった状態の場合，雨水が土羽部分に停滞し土羽自体の重量が大きくなる，あるいは土羽部分の間隙水圧が上昇することにより表層崩壊が発生することがある．

3)　盛土の土層構造

　古い盛土は，切土部やトンネルで発生した材料を用いて土工定規に従って形を整えるのみで転圧等はされずに構築されている場合が多い．そのため，古い盛土内部の土層構造は一様でなく，複雑な状況となっていることもある．締まった層などの難透水層が適当な深さに存在した場合，この部分より上部で間隙水圧が上昇し，上昇した部分の土の強度が弱い状態であれば崩壊が発生することがある．

4)　施工基面中央部分の沈下による雨水の湛水（**解説図 4.3**）

　鉄道特有の現象として，レールとバラストで列車荷重を支える構造の線路は，長年の列車荷重を受けて施工基面中央部分に小さな川状の溝が形成される場合がある．古い盛土では建設時に十分な支持力がなく，沈下してもバラストの再投入で対応していた．そのため，このような箇所は雨水が湛水しやす

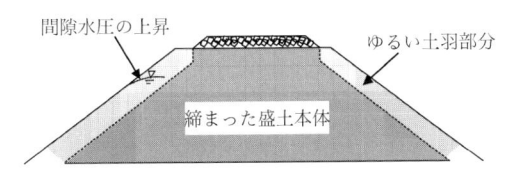

解説図 4.2 土羽部分の締固め不足[1]

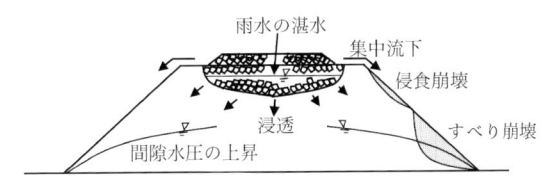

解説図 4.3 施工基面中央部分の沈下による雨水の湛水[1]

く，湛水した場合には雨水が線路勾配に沿って流下する．そして，落込勾配点や橋台裏など水の逃げ場がない箇所でのり面に流下することにより侵食崩壊が発生する，あるいは盛土にそれらの水が浸透し間隙水圧を上昇させることによって表層崩壊や深いすべり崩壊が発生することがある．

（b） 基礎地盤

　1） 軟弱地盤

建設直後の軟弱地盤上の盛土では地盤の圧密作用によって盛土全体が沈下する現象が生じる．そのため，他の構造物との間に不等沈下などの問題が生じる場合もある．しかし，設計標準が整備され，これに基づいて設計された最近の盛土については，地盤改良などを行った上で盛土を構築するため，このような問題は少なくなってきている．

　2） 不安定地盤（崖錐，地すべり地等）

地すべり地や崖錐等の不安定な地盤上に盛土が存在する場合は，盛土本体が降雨によって崩壊するよりも，不安定な支持地盤が下方に移動することによって盛土に変状が現れる場合がある．

（c） 周囲の環境条件

　1） 盛土の立地条件

線路に勾配がありその下り方向に切盛境界や橋台裏などがある場合，あるいは，落込勾配点では，雨水が線路勾配の高い側から流下してそれらの箇所に集中しやすい．そのため，このような箇所では盛土内の間隙水圧が上昇する，あるいは，水がのり面を集中流下することによって盛土が崩壊することがある（**解説図 4.4**(a)，(b)）．

山間部等で沢や谷を渡るように構築された盛土では，地形の高い側からの雨水を伏び等で盛土下を横断させることにより地形の低い側へ流下させている．このような箇所において，大雨等によって盛土を横断する水量が伏び等の排水能力を超えた場合や排水機能が十分でない場合には，地形の高い側の凹地に雨水が湛水（ダムアップ）し盛土内の間隙水圧を上昇させたり，湛水した水が盛土をオーバーフローしたりすることによって，盛土が崩壊することがある（**解説図 4.4**(c)）．

河川沿いの盛土で特に河川の攻撃地形となっているような箇所では，近接した河川が増水することにより盛土のり尻部分を洗掘し，それが原因となって崩壊が発生することがある（**解説図 4.4**(d)）．また，河川水位の急上昇，急降下により盛土内部の間隙水圧が上昇し崩壊が発生することもある．

片切片盛などの構造で傾斜地盤上に建設された盛土は，基礎地盤（地山）からの浸透水や山側からの流下水が盛土内部に浸透しやすいため，地山との境界がすべり面となる崩壊が発生することもある（**解説図 4.4**(e)）．

　2） 盛土周辺の環境変化

盛土周辺の環境変化が著しい場合，盛土周辺の水の流下経路が大きく変化することにより，盛土に雨水が集中し崩壊が発生することがある．例えば，道路の新設や整備，宅地開発，あるいは山間部におけ

(a) 切盛境界

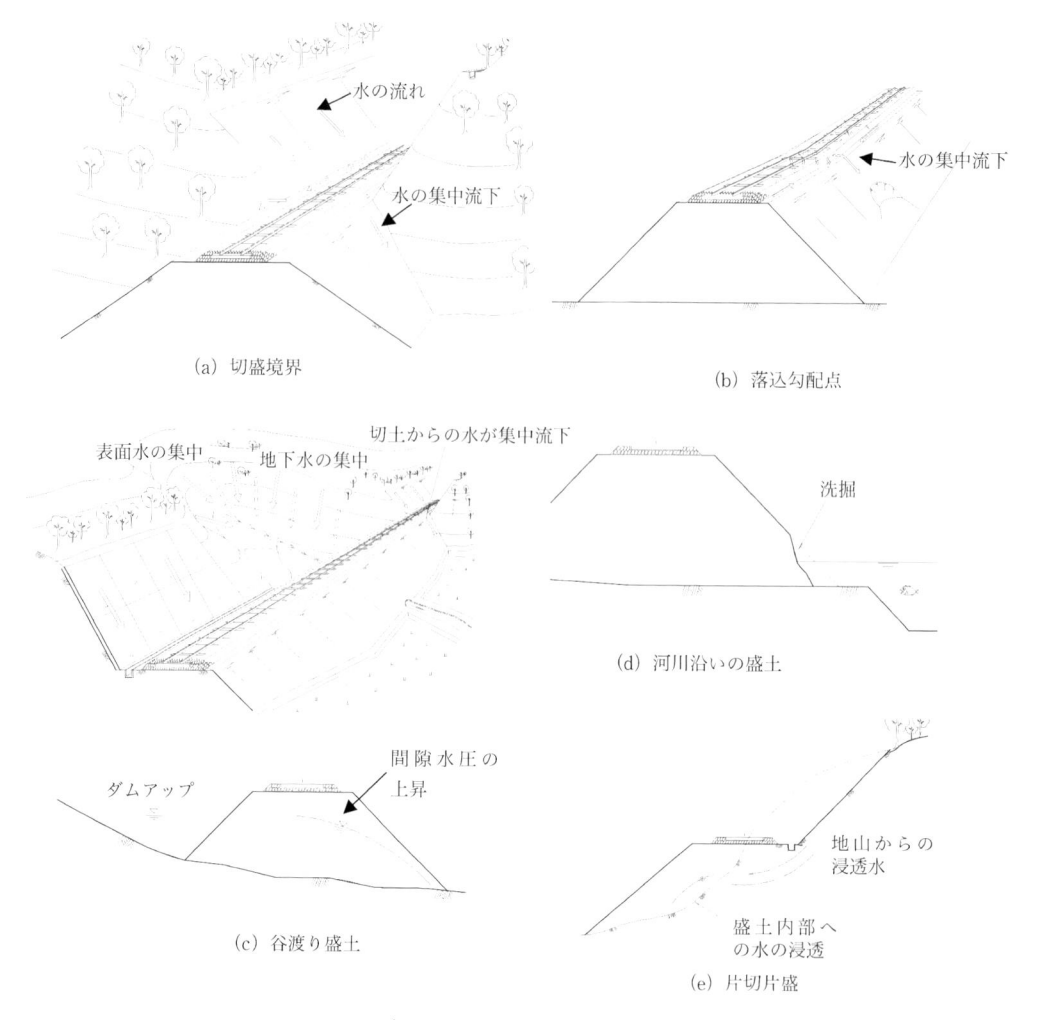

(b) 落込勾配点

(c) 谷渡り盛土

(d) 河川沿いの盛土

(e) 片切片盛

解説図 4.4 盛土の立地条件

る盛土上方での森林伐採等が盛土周辺の水の流下経路を大きく変化させる原因となる．

3) 付帯設備による環境変化

盛土のり肩部には，線路巡回のための作業通路や信号・通信ケーブル用のトラフ等が敷設されることが多い．これらの付帯設備が施工基面に降った雨水ののり面への流下を阻害する場合や，付帯構造物に沿って川のように雨水が流下する場合がある．このような場合は，橋台部や落込勾配点，あるいは付帯設備の切れ目でのり面に水が集中して流下することがある．

また，電柱などを設置した後の埋め戻しが十分でない場合に，しばらくすると土が締まり，その部分が部分的に周辺より低くなることがある．この場合，施工基面の水はこの低い部分に集中してのり面を流下することもある．

このため，調査の際には付帯設備によって生じる水の流下した形跡や水たまりの有無に注意するとともに，付帯設備を設置する際には，降雨時における水の流下経路について十分考慮する必要がある．

4) 排水設備の不備

線路側溝，のり面排水工，伏びなどの排水設備は，盛土周辺に降った雨をのり面に集中させることなく流下させる役割を持つものである．しかし，これらの排水設備に土砂や落ち葉などが堆積する，あるいは排水設備に破損した箇所が見られる場合には，本来の目的とは逆に排水溝を流下する水がオーバーフローしたり破損箇所から水が集中して流出したりすることになる．このような状態では，盛土のり面に侵食などの変状をもたらし，場合によっては盛土を崩壊させる原因となることがある．したがって，既存の排水設備はその機能を十分に発揮できる状態に保つとともに，能力が不足していると考えられる箇所ではその設備を充実させることが必要である．

2) 切土

切土は，これまで安定していた自然斜面を切り取ることによって造成されたものである．したがって，切土は完成時点では安定しているものの経年によるのり面の風化の進行や周辺環境の変化等により不安定となり崩壊することがある．

切土の崩壊形態は多種多様であり，様々な分類方法が提案されている．ここでは，切土を（Ⅰ）土砂斜面と（Ⅱ）岩石斜面に分けて，それぞれの斜面形態における主な崩壊形態とその原因をまとめる．

（Ⅰ）土砂斜面

土砂斜面で発生する崩壊で最も多い形態は，降雨による表層土の崩落（表層崩壊）である．これは，表層土（表土，風化土，崩積物）の透水性は高いがその下層の透水性が低いために，降雨により表層土内に間隙水圧が発生しやすく，その結果として表層土が崩落するものである．その崩落機構には，表層土の強度が弱いため地下水がある高さになった時に崩落するものと，表層土中の水位が局部的に地表面より高くなって流出し，それとともに表層土が崩落するもの（パイピング現象）がある（**解説図 4.5**）．

土砂斜面で発生する崩壊の素因は，(a) のり面，(b) 周囲の環境条件に分けられる．ここでは，降雨時に発生する崩壊の主な素因をそれぞれに分けて述べる．

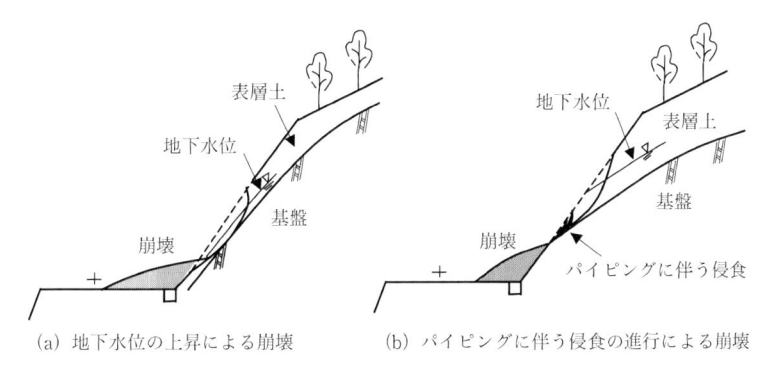

(a) 地下水位の上昇による崩壊　　　(b) パイピングに伴う侵食の進行による崩壊

解説図 4.5　土砂斜面の崩壊機構

(a) のり面

1) 極端に透水性が異なる層の存在

地山に不透水層（粘土層等）が存在する場合，その層より上層では雨水が湛水し，地下水面が形成されやすい．そのため，降雨時に地下水位が上昇することによって切土の安定性が低下し，崩壊が発生する場合がある．また，地山に透水層（砂礫層等）が存在する場合には，その層から雨水が集中して流出することにより，その層あるいはその下層が侵食され切土の安定性が低下することがある．

2) 表層土の性質

地山の表層が火山灰質砂質土あるいはまさ土のように水に対する抵抗力が小さい場合は，のり面に雨水が流下すると容易に侵食を受け，切土の安定性が低下する場合がある．また，表層土が凍上の発生しやすい土の場合は，凍上によりのり面の表層土やのり面に施工されているのり面防護工が不安定となることがある．

3) 表層土の分布が不均一

のり面の表層土の分布が不均一となっている原因は，過去に表層土のすべりや崩壊が発生した，あるいは基盤の違いにより表層の風化進行程度が異なることなどが考えられる．したがって，このような状態になっている場合は，表層土が不安定であることが多く，表層土の崩落に注意する必要がある．

4) 植生の不活着

植生の不活着によりのり面が裸地状態になっている場合は，雨水や流下水によりその部分の表層土が流出し，より侵食を受けやすくなるために，切土が不安定となることがある．

5) オーバーハング部の存在

切土が異なる層で構成されている，または互層となっており，下層が上層よりも侵食されやすい場合，下層だけが侵食され上層が残るためにオーバーハングの状態となる．このオーバーハング部が不安定となり，崩落が発生することがある．

6) 伐採木の腐った根の存在

伐採木の腐った根が切土のり面に存在する場合，その部分の腐植化が進むと有機分を豊富に含んだ軟弱な腐植土となる，あるいは，有機分が完全に溶脱して巨大な空隙となることがある．軟弱な腐植土となった場合は，高保水性の軟弱な土壌が斜面に平行して部分的に存在することになり，崩壊に対する弱層となりやすい．巨大な空隙となった場合は，空隙が連結してパイプ状に水みちが形成されることで潜在すべり面となることがある．

7) のり肩部の立木・構造物基礎が不安定

のり肩部分の立木や構造物の基礎が不安定な状態になっている場合は，この周辺の地山がゆるんでいる証拠である．地山がゆるんでいる箇所からは表面水が流入しやすく，流入した水の影響により切土が崩壊する場合がある．さらに場合によっては，立木や構造物そのものが倒壊することもある．

(b) 周囲の環境条件

1) 立地条件

切土の上部が水の集まりやすい地形の場合，切土に雨水が集中するため崩壊が発生しやすい．また，切土の上部が水田や畑などの耕作地の場合は，耕作地が水を保水するために切土が湿潤状態になりやすい．さらに，大雨時には水田等の用水路から水が溢れることによって，切土に表流水が集中して流下し崩壊が発生することもある．

扇状地では伏流水が末端部で流出することが多いので，切土がこうした箇所付近に位置する場合は，その伏流水によって切土の地下水の上昇や，地下水の噴き出し（パイピング）によって崩壊することがある．

段丘崖は，透水性がよい砂礫層を挟む地層構造である場合が多く，その層の下部に透水性の悪い層がある場合は，段丘面に降った雨が段丘内を通り砂礫層から集中して流出する．そのため，切土が段丘崖や段丘面に位置する場合は，扇状地の末端に位置する場合と同じように伏流水によって切土の地下水が上昇して崩壊する，あるいは，地下水の噴き出し（パイピング）によって崩壊することがある．

地すべり地に切土がある場合は，地すべりが活動を再開することにより切土に変状が現れる，あるいは崩壊が発生することがある．

2) 周辺の環境変化

切土周辺の環境変化が著しい場合，切土周辺の水の流下経路が大きく変化することがある．例えば，切土上部における道路の新設や整備，宅地開発，森林伐採等が切土に集中して水を流下させる原因となり，その影響により切土が崩壊することがある．

3) 排水設備の不備

切土の排水設備は，切土に雨水が集中することを防止するために施工される．しかし，これらの排水設備に土砂や落ち葉などの堆積や破損がある場合は，流下水がオーバーフローしたり破損箇所から水が集中して流出したりするために，切土の崩壊を発生させる原因となることがある．

(Ⅱ) 岩石斜面

岩石斜面で発生する主な崩壊形態は，岩石が力のつり合いを失ってまとまって崩壊するもの（小規模な岩盤崩壊）と岩石が単独または複数（数えられる程度）で落下するもの（落石）が挙げられる．これらの崩壊の発生は，地形の発達・変遷過程と密接な関連を持ち，この過程で形成された斜面を構成する地質・地形構造に大きく依存している．また，土砂斜面の崩壊の場合は主な誘因として降雨が挙げられるのに対し，岩石斜面で発生する崩壊の場合は，降雨，地震，地表面の凍結・融解，風の影響等様々なものが考えられる．

岩石斜面で発生する崩壊の主な素因を，以下に述べる．

1) 不安定な浮き石・転石の存在

浮き石とは斜面から剥離しかかっている，あるいは，浮き出して不安定な状態になっている岩塊のことで，転石とは二次的（ある場所から一度落ちたもの）に斜面に堆積している岩塊のことをいう．割れ目の発達した岩盤斜面や崖錐，段丘砂礫，岩塊を含む火山性の堆積物等からなる斜面では，風化や侵食が進行すると浮き石や転石が生じやすい．そのため，このような箇所では浮き石のはく落や転石の転落による落石が発生する場合があるが，落石の発生は前兆が少なく，誘因と考えられる事象との相関も明瞭ではないことに注意する必要がある．

2) 風化の進行

風化作用とは，温度変化や水の作用等により地表近くの岩石が土砂化していく作用である．風化作用は，温度変化や岩の割れ目に存在する水分の凍結等により細粒化する物理的風化作用と，水や空気に含まれる成分により化学的に分解する化学的風化作用に大別される．風化作用により生成された土は風化土（残積土）と称されるが，この土が斜面上に不安定な状態で残っている場合には崩壊が発生するおそれがある．また，岩体の周辺が風化することにより残された岩塊が浮き出し，落石が発生する場合もある．

3) 選択侵食を受けている箇所

選択侵食とは，切土が硬い地層と軟らかい地層（硬い岩塊と軟らかい土砂等の場合もある）やこれらの互層で構成されている場合，軟らかい部分が早く侵食されて硬い部分が残ることをいう．つまり，選択侵食を受けている箇所は，硬い部分がオーバーハング状態や浮き石として不安定な状況となっていることが多く，オーバーハング部が崩壊する，あるいは浮き石が落下する場合がある．

4) 割れ目の発達

岩石の割れ目には，岩石ができる時に発生した初生的なもの（マグマが固まる際にできた火成岩の割

れ目等）とその後の地殻変動や風化作用により二次的に発生したものとがある．この割れ目は，浸透した水の凍結や風化作用，樹木の根の育成により拡大することがある．割れ目により斜面がブロック化すると，割れ目からの落石や割れ目に沿った崩壊が発生する場合がある．

4.2 全般検査の区分

全般検査は，以下のとおり区分する．
（1）通常全般検査
（2）特別全般検査

【解説】
　土構造物の場合は，構造物そのものの経時的な変化よりも降雨や地震といった直接的な外力が作用することによって不安定化し，変状，崩壊が発生する場合が多い．特に変状や崩壊が発生する事例が多い降雨に対する盛土や切土の安定性を考えた場合，それらの周辺環境の変化がその安定性に大きな影響を及ぼす．したがって，調査では変状を把握することはもちろん必要であるが，周辺環境の変化をいかに捉えるかということも重要である．周辺環境の変化は，地山の風化も含めて時間的スケールの長い場合から，排水設備の通水不良などの時間的スケールの著しく短い場合があげられる．時間的スケールの短い変化については大雨後や地震後などに行う調査，時間的スケールの比較的長い広域的な環境変化については空中写真などを利用した調査，つまり随時検査を実施することにより把握できるものと考えられる．したがって，通常全般検査における調査が中期的な環境変化に対応した周期であれば，通常全般検査と随時検査を行うことによって様々な時間的スケールを考慮した盛土や切土の周辺環境変化を捉えることが可能である．
　以上のことから，盛土や切土の場合，周期的に行う特別全般検査は行わないことを基本とする．また，全般検査の周期延伸のための特別全般検査は，外力により急激に盛土や切土が不安定化するおそれがあるため行わないこととする．ただし，現在の盛土や切土の状況を詳細に調査し，着眼点やその部位を箇所ごとに整理しておくことや，一定期間ごとにそれらを整理し直すことを目的で行う検査を特別全般検査と位置づけるなど，鉄道事業者が必要と判断した場合には特別全般検査を実施してもよい．

4.3 通常全般検査

4.3.1 一　般

通常全般検査は，構造物の変状等の有無およびその進行性等を把握することを目的として定期的に実施するものとする．

【解説】
　通常全般検査は，一定期間ごとに目視を主体とした調査によって変状やそのおそれのあるものを抽出することを目的として行われる．
　盛土や切土の検査では，それらののり面に草等が繁茂している場合や積雪がある場合には，盛土や切土の変状や状態を把握することが困難である．このため，検査計画を策定するにあたっては，盛土や切土の

状態をよく把握できる時期を考慮することが望ましい．

4.3.2 調査項目
通常全般検査における調査項目は，構造物の特性と周辺の状況に応じて設定するものとする．

【解説】
盛土や切土の健全度を判定するためには，変状を把握することと同時に変状は見られないがそれら自体の安定性についても把握することが必要である．したがって，盛土や切土の調査は，1）変状に対する調査と2）不安定性に対する調査のそれぞれを行うこととする．

通常全般検査の変状，あるいは不安定性に対する主な調査項目は以下の通りである．
1) 変状に対する調査項目
　①盛土・切土の状態
　②防護設備，排水設備の状態
2) 不安定性に対する調査項目
　①盛土・切土の立地条件，周辺環境
　②盛土・切土，防護設備，排水設備の状態（変状以外）

4.3.3 調査方法
通常全般検査における調査方法は，目視を基本とする．

【解説】
通常全般検査は，変状に対する調査および不安定性に対する調査を目視により行うことを基本とする．検査にあたっては，前回の通常全般検査結果や崩壊履歴，地形図等による資料調査を行うことにより，対象箇所の状況を事前に把握しておく必要がある．

また，調査は目視によることを基本とするが，必要に応じて各種計測機器を用いて盛土や切土の勾配やのり長，変状の進行性，盛土自体や切土表層の地盤強度等を測定することも，盛土や切土の健全度を判断する上で重要な情報となる．

4.3.4 健全度の判定
（1） 通常全般検査における健全度の判定は，変状の種類，程度および進行性等に関する調査の結果に基づき，総合的に行うものとする．
（2） 構造物の健全度は，「2.5.6 性能の確認および健全度の判定」に基づき判定することを原則とする．
（3） 安全性を脅かす変状等がある場合は健全度AAと判定し，緊急に使用制限等の措置を行うものとする．
（4） 健全度Aと判定された構造物は，個別検査を実施するものとする．

【解説】

「**4.3.2　調査項目**」【解説】で述べたように，通常全般検査では，1) 変状に対する調査と 2) 不安定性に対する調査を行う．そのため，健全度の判定は，それぞれの調査結果を踏まえて (a) 変状に対する健全度の判定と (b) 不安定性に対する健全度の判定を行う．健全度の判定にあたっては，調査結果に加えて前回の通常全般検査の結果や崩壊履歴，地形図等による資料調査結果などを参考にすることが重要である．

通常全般検査の調査と健全度の判定の関係の例を**解説図 4.6** に示す．

この例では，変状に対する調査で変状が認められるもののうち，健全度が A と判定されるものは，対象とする盛土や切土の健全度をこの判定により決定するので，不安定性に対する調査を行わなくてもよいとしている．ただし，そうした場合であっても不安定性に対する調査を行うことは，個別検査を行うにあたり有益な情報となる．

変状に対する調査で健全度が A と判定されたもの以外については，不安定性に対する調査と健全度の判定を行うものとした．この場合，変状に対する健全度と不安定性に対する健全度を比較し，健全性が悪い方をその構造物の健全度としている．

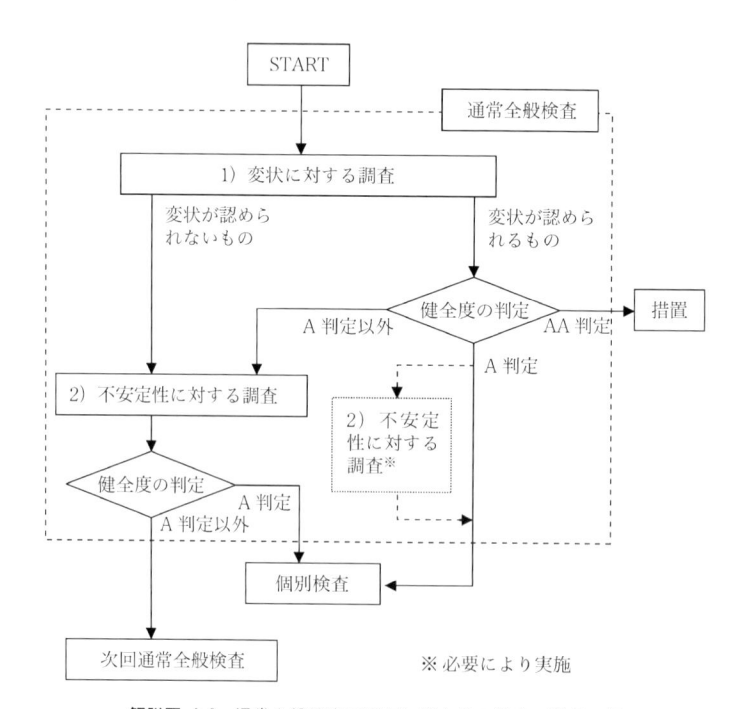

解説図 4.6　通常全般検査の調査と健全度の判定の関係の例

変状に対する健全度の判定は，崩壊するおそれが高い変状が認められるものを健全度 A と区分するのがよい．崩壊するおそれが高い変状とは，盛土の場合はき裂やはらみ，沈下，すべりであり，切土の場合はき裂や沈下，すべりである．これらの変状は，盛土や切土自体が何らかの原因により不安定となりその結果として崩壊する前兆現象である場合が多い．また，このように崩壊の前兆現象として変状が現れるときは，変状が単独ではなくき裂と沈下などが同時期に発生することが多い．

なお，健全度 A と判定されたものの中で，明らかに崩壊が近いと判断されるものは AA と区分し，直

ちに安全上必要な措置を講じなければならない．健全度AAと判定される場合の例を以下に示す．

①き裂幅や長さ，沈下量，はらみ量，すべり量が明らかに進行している場合．
②き裂，沈下，はらみ，すべりが明らかに最近発生した場合．
③陥没が施工基面に発生した場合．

変状に対する健全度の判定例を**付属資料3**（盛土の場合），**付属資料4**（切土の場合）に示す．

不安定性に対する健全度の判定は，不安定要因がある場合にはその状況に応じて健全度A～Cに区分し，不安定要因がなく健全なものは健全度Sと区分するのがよい．調査項目ごとの主な不安定要因を**解説表4.1**（盛土の場合），**解説表4.2**（切土の場合）に示す．なお，これらの不安定要因の中で主なものの詳細については，「**4.1 一般**」【**解説**】に示している．対象とする盛土や切土に解説表4.1，解説表4.2に示すような不安定要因がある場合は，盛土や切土の状態，およびそれらに付帯する防護設備，排水設備の有無や状態を考慮して健全度を判定する必要がある．不安定性に対する健全度の判定例を**付属資料5**（盛土の場合），**付属資料6**（切土の場合）に示す．

解説表 4.1 調査項目ごとの主な不安定要因（盛土の場合）

調査項目	不 安 定 要 因
立地条件・周辺環境	片切片盛 切盛境界 腹付盛土 落込勾配点 谷渡り盛土 傾斜地盤上の盛土 軟弱地盤，不安定地盤（崖錐，地すべり地等）の盛土 橋台裏やカルバート等との接合部 環境の変化（伐採，道路や宅地等の開発）
盛土・防護設備・排水設備	のり面が常に湿潤，のり面からの湧水 発生バラストの散布 排水設備の容量不足 排水パイプ等から土砂の流出 付帯設備の周辺から盛土のり面への雨水の流入，流下

解説表 4.2 調査項目ごとの主な不安定要因（切土の場合）

調査項目	不 安 定 要 因
立地条件・周辺環境	地すべり地 扇状地・段丘の末端部 周辺に多くの災害歴，あるいは崩壊跡地が存在 背後に集水地形等が存在 環境の変化（伐採，宅地等の開発）
切土・防護設備・排水設備	極端に透水性が異なる層の存在 のり面からの湧水 表層土の分布が不均一 伐採木の腐った根の存在 オーバーハング部の存在 不安定な転石・浮き石の存在 選択侵食を受けている箇所の存在 割れ目の発達 のり肩部の立木・構造物基礎が不安定 のり尻や擁壁・柵背面に土砂や岩塊が堆積 排水パイプから土砂が流出 排水設備の容量不足

4.4 特別全般検査

4.4.1 一 般

(1) 特別全般検査は，健全度の判定の精度を高めることを目的として，検査精度を高めて実施するものであり，通常全般検査に代えて実施することができる．

(2) 特別全般検査を実施する時期は，構造物の特性，環境に応じて適切に定めるものとする．

(3) 特別全般検査を実施し，所要の性能が確認された構造物に関しては，全般検査の周期を延伸することができる．ただし，抗土圧構造物，土構造物，トンネル，はく離・はく落が発生した場合に第三者に危害を及ぼすおそれのある構造物においては周期を延伸することができない．

【解説】

　特別全般検査は，通常全般検査に比べて検査精度を高めて実施するものであり，周期的に行う場合と全般検査の周期延伸を考慮する場合に分けられる．

　土構造物においては，「4.2　全般検査の区分」【解説】で述べたように周期的に行う特別全般検査は行わないことを基本とする．ただし，現在の盛土や切土の状況を詳細に調査し，着眼点やその部位を箇所ごとに整理しておくことや，一定期間ごとにそれらを整理し直すことを目的で行う検査を特別全般検査と位置づけるなど，鉄道事業者が必要と判断した場合には，特別全般検査を実施してもよい．

　一方，全般検査の周期延伸のための特別全般検査は，盛土や切土の場合，経時的な性能低下よりも降雨や地震等の外力が作用することによって不安定化し，変状，崩壊が発生する場合が多く，盛土や切土に発生する変状の進行や崩壊の発生時期を予測することが困難であるため行わないこととする．

4.4.2 調査項目

　特別全般検査における調査項目は，通常全般検査における「4.3.2　調査項目」に準ずるほか，検査精度を高めるために必要な項目を適宜，設定するものとする．

【解説】

　特別全般検査の調査項目は，特別全般検査を行う目的を考慮し，通常全般検査の項目等を参考に適宜選定するものとする．

4.4.3 調査方法

　特別全般検査における調査方法は，入念な目視のほか，必要に応じて各種の方法によるものとする．

【解説】

　特別全般検査の調査方法は，特別全般検査を行う目的を考慮して設定した検査項目ごとに設定するもの

とする.

> **4.4.4 健全度の判定**
> 特別全般検査における健全度の判定は，通常全般検査における「**4.3.4 健全度の判定**」に準ずるものとする．

【解説】
　特別全般検査の健全度の判定は，通常全般検査と同様に，調査結果に加えて前回の全般検査の結果や崩壊履歴，地形図等による資料調査結果などを踏まえて総合的に行う必要がある．

参 考 文 献

1) 村上温，野口達雄監修：鉄道土木構造物の維持管理, (社) 日本鉄道施設協会, pp. 425-429, 1998.9.

5章 個別検査

5.1 一　　般

　個別検査は，全般検査，随時検査の結果，詳細な検査が必要とされた構造物に対して，精度の高い健全度の判定を行うことを目的として実施するものとする．

【解説】
　個別検査は，一般的に全般検査や随時検査で変状が発見された，またはそのおそれがあると判断され，詳細な調査と健全度の判定が必要な構造物に対して実施する．

　個別検査において健全度や措置の必要性，方法，時期等を判断するためには，盛土や切土に現れた変状の原因を推定する，あるいは不安定要因が盛土や切土の安定性に与える影響を把握する必要がある．そのためには，全般検査や随時検査の結果に加えて過去の崩壊履歴や地形図，地盤調査等の既存資料の調査結果等も考慮して総合的に検討しなければならない．したがって，個別検査は，盛土や切土の検査経験を持つ検査員が，全般検査よりも専門的な観点で行うことが望ましい．

　通常全般検査と同様に盛土や切土のり面に草等が繁茂している場合や積雪がある場合には，それらの変状や状態を把握することが困難であるため，個別検査は盛土や切土の状態をよく把握できる時期に行うことが望ましい．このような時期以外に個別検査を行う場合には，検査の前に草刈り等をしておくことも必要である．

　また，盛土や切土の状況によっては単に一度の調査のみならず，降雨後や融雪期などに改めて調査を行い，盛土や切土自体，あるいはその周辺の水の流下経路を把握することも必要となるため，検査計画の時期は，これらを十分勘案した上で決定することが望ましい．

5.2 調　　査

5.2.1 一　　般

　個別検査における調査は，精度の高い健全度の判定が可能な情報が得られるよう，調査項目および調査方法を適切に設定し，実施するものとする．

【解説】

　盛土や切土の安定性を評価するためには，単にそれら自体を調査するのではなく，立地条件や周辺環境条件を調査し，それらの結果を総合的に検討する必要がある．そのため，盛土や切土の調査としては，資料調査，変状状況の調査および計測，周辺環境条件の調査などがあげられる．これらの調査結果を踏まえて，必要と判断された場合には，土質試験，地質調査，岩石試験，ボーリング調査等の各種計測機器を用いた調査を行うのがよい．

　個別検査の主な調査について以下に述べる．

　1）　資料調査

　盛土や切土はそれぞれの立地している条件により，その特性が異なるといってよい．そのために，調査対象である盛土や切土がどのような条件にあるかを予め把握しておくことが重要である．すなわち，調査にあたっては，まず対象となる盛土や切土を含めた隣接する区間において，過去の変状や災害の履歴，地形・地質条件，立地条件などを資料によって把握しておくことが重要である．このような資料調査により現地での調査を効率的に行うことが可能となる．

　2）　変状状況の調査および計測

　盛土や切土に現れる変状の調査では，第一に変状の規模やその部位，範囲をできるだけ詳細に把握することが必要になる．ただし，盛土や切土の地盤内部にすべり面が形成されることによってのり面に変状が現れる場合には，変状の全体像を正確に把握することは困難である．このような場合は，のり面に現れた変状を簡易測量等により測定し，その結果をもとに変状の全体像を推定することになる．このようにして変状の状況を的確に把握することは，現時点での健全度を判定するばかりでなく，以後の検査により変状の進行性を把握する上で重要である．

　また，現れた変状を計測機器を用いて把握し，その進行性を明らかにすることが必要となる場合があるが，この場合は基準線や基準点による測量が主として用いられる．き裂に関してその進行性を緊急に把握する必要がある場合，簡易な方法として簡易変位板（**付属資料7**参照）による計測がある．また，地すべり等の計測で用いられる伸縮計を用いることにより経時的な変位を測定することができるので，現地の状況によっては伸縮計の利用を検討するのがよい．

　3）　周辺環境条件の調査

　周辺環境条件の調査は，盛土や切土の変状原因や不安定要因を把握する上で重要なことである．調査の結果は，写真を整理するだけではなく，地形図等を参考にしてスケッチとして残すことにより，調査箇所全体の状況が容易に分かる記録となる．この際，空中写真等を利用した広域的な調査の結果がある場合は，これと比較することで周辺環境条件の変化をより詳細に把握することができる．

　4）　盛土や切土の内部構造の調査，盛土の基礎地盤の調査

　盛土や切土の変状原因や不安定要因がそれらの内部構造，あるいは，盛土の場合にはその基礎地盤にあると想定される場合は，ボーリング調査やサウンディング試験（多くの場合，簡易動的コーン貫入試験（簡易貫入試験）が用いられる）等により，それらを把握する必要がある．具体的には，盛土の場合は，盛土の土層構造，土質，盛土自体の土の強度，透水性，盛土内の地下水位の状況等，切土の場合は，地層構造，地質・土質，表層土の厚さやその分布・強度・透水性，岩の種類・強度・風化の程度，地下水位の状況等を把握するのがよい．**付属資料7**にこれらの調査に用いる一部の簡易な調査方法と調査機器について示す．

5) その他必要な調査

盛土や切土の安定性を評価する一つの方法として,「5.6 健全度の判定」【解説】に示すような安定計算による方法や統計的な解析手法による方法があげられる.これらの方法を用いる場合は,その方法に必要な調査を行う必要がある.

5.2.2 調査項目

個別検査における調査項目は,変状原因の推定,変状の予測が可能な情報が得られるよう,構造物の特性,変状の種類,周辺の状況に応じて設定するものとする.

【解説】

個別検査の調査項目は,通常全般検査と同様である.個別検査では,以下に示す調査項目を詳細に調査することが必要となる.

1) 変状に対する調査項目
   ①盛土・切土の状態
   ②防護設備,排水設備の状態
2) 不安定性に対する調査項目
   ①盛土・切土の立地条件,周辺環境
   ②盛土・切土,防護設備,排水設備の状態(変状以外)

5.2.3 調査方法

個別検査における調査方法は,変状の実状に即したものとする.

【解説】

個別検査における調査方法は,「5.2.1 一般」【解説】で示した調査の種類によって異なるが,基本的には入念な目視とする.入念な目視による調査の結果,必要と判断された場合には,土質試験,地質調査,岩石試験,ボーリング調査等の各種計測機器を用いた調査を行うのがよい.

5.3 変状原因の推定

個別検査における変状原因の推定は,調査等の結果に基づき行うものとする.

【解説】

盛土や切土に現れる変状の原因は,それら自体や周辺環境の調査を行った結果と地形・地質,過去の災害・措置履歴等を総合的に検討した上で推定する必要がある.また,変状原因の推定を行う際には,対象とする盛土や切土で発生すると想定される崩壊形態を十分考慮する必要がある.盛土や切土の崩壊形態と原因,およびそれらに現れる変状については,「4.1 一般」【解説】,**付属資料3,4,5,6**に示しており,これらを参考にして変状の原因を推定するのがよい.なお,より専門的な立場での原因推定が必要な場合は,専門家の判断を参考にすることも必要である.

5.4　変状の予測

個別検査における変状の予測は，調査の結果や変状原因の推定の結果等に基づき行うものとする．

【解説】

盛土や切土に発生する変状の進行や崩壊の発生時期を予測することは，変状や崩壊の誘因が大雨や地震等の自然外力によること，要因となる環境条件が多様であること，さらに発生する変状や崩壊形態も多様であることなどから難しいことである．具体的には，き裂や沈下等の変状が盛土や切土に現れた時にはそれらの安定性が著しく低下しており，場合によってはそのような変状等が現れることなく突発的に崩壊に至る場合がある．一方，小規模なガリややせ等の変状には長期的に少しずつ進行していくものもあり，変状の進行や崩壊の発生時期の予測は，現れた変状の種類やその状況によって的確に判断することが求められる．

盛土や切土の変状の進行性は，必要に応じて計測結果から判断するものとする．なお，変状の進行状況から崩壊の時期を予測することは現在の技術レベルでは難しい．しかし，地すべりのように土塊の移動が比較的緩慢な場合に利用される崩壊予測手法が適用できる場合には，必要に応じてその手法を用いてもよい．地すべり等で用いられる伸縮計による崩壊予測手法を**付属資料8**に示す．

一方，個別検査における不安定性に対する調査と健全度判定は，全般検査とは異なり，盛土や切土に変状や崩壊が発生するおそれのある不安定性要因を抽出し，変状や崩壊の危険性を実際に判断することが求められる．このことは，変状や崩壊の発生を予測することのひとつとして位置づけることができる．

なお，より専門的な立場での判断が必要な場合は，専門家の判断を参考にすることも必要である．

5.5　性能項目の照査

個別検査における性能項目の照査は，必要な性能項目に対し精度のよい方法を用いて行うものとする．

【解説】

安全性に関する性能項目の照査とは，性能項目として破壊，安定，走行安全性，公衆安全性等を設定しそれらを力や変位・変形等を指標として照査することである．その方法としては，定量的な方法と定性的な方法がある．

一方，構造物の性能の確認は，健全度の判定により行うものとしている．したがって，性能項目の照査は，構造物の健全度を判定するために必要に応じて行うものである．必要に応じて，盛土，切土に対して性能項目の照査を行う場合は，「4.1　一般」【解説】，**付属資料3, 4, 5, 6**や「5.6　健全度の判定」【解説】で述べる方法を参考にして，性能項目を設定してもよい．

5.6 健全度の判定

（1） 個別検査における健全度の判定は，変状原因の推定および変状の予測の結果，ならびに性能項目の照査に基づき総合的に行うものとする．

（2） 全般検査あるいは随時検査で健全度Ａと判定された構造物の健全度は，「**2.5.6 性能の確認および健全度の判定**」に基づき，より細分化して区分することを原則とする．

【解説】

個別検査における健全度の判定は，全般検査よりも詳細な調査結果から変状の原因や不安定性の程度，不安定要因の崩壊に対する影響度などを十分把握して行うものとする．なお，その際には，「**4.1 一般**」【解説】や付属資料3,4,5,6を参考にするのがよい．また，盛土や切土の周辺環境状況を含めたスケッチ等を作成しておくと総合的な判断を行いやすい．

切土で発生する崩壊の内，落石については「落石対策技術マニュアル」（鉄道総合技術研究所，平成11年3月）等を参考にしてもよい．

盛土，切土以外の構造物の場合，健全度AAと判定されるものを除き，健全度Aを，進行中の変状等があり性能低下も進行しているため早急に措置を行うものをA1，性能低下のおそれがある変状等があり必要な時期に措置を行うものをA2に区分することを原則としている．しかし，盛土や切土の場合，それら個々の特性が異なることおよび地域ごとに気象条件が大きく異なることから定量的な評価が困難な場合が多いため，健全度Aを健全度A1，A2に区分することが難しい．そこで，盛土や切土の健全度は，他の構造物の場合と異なり健全度Aを健全度A1，A2に区分しないことを基本とする．ただし，事業者の判断により健全度A1，A2に区分可能である場合は区分してもよい．

また，盛土や切土の安定性を定量的あるいは相対的に比較し検討する方法がある．盛土や切土の健全度の判定を行う際には，それらの方法を参考にしてもよい．ここでは，（Ⅰ）盛土または切土（土砂斜面），（Ⅱ）切土（岩石斜面），に分けてそれぞれの主な方法について紹介する．

（Ⅰ）盛土または切土（土砂斜面）

（a）安定計算による方法

盛土または土砂斜面の切土の場合の安定性を検討する代表的な方法に，円弧すべり計算に代表される極限平衡法による安定計算があげられる．安定計算を行う際は，その方法について詳しく示している文献を参考にして，その方法を理解することが必要である．この方法は，安定性が安全率として数値で得られるため直感的に分かりやすいが，以下の課題点が含まれている．

①提案されているいくつかの安定計算法から，検討対象の盛土や切土に最も適した方法を選定する必要がある．

②対象盛土や切土が解析モデルとして単純化，理想化し得るか否かの可能性の検討を行う必要がある．

③土の強度，変形特性の把握と安定計算に採用する強度定数を正しく選択する必要がある．

④荷重や間隙水圧などの諸条件を設定する必要がある．

安定計算で検討する際には，近年のコンピュータ技術の進展により計算が手軽になったものの，上記で示したように計算のためには多くの課題を含んでいることを理解した上で結果を解釈する必要がある．

（b） 統計的な解析手法による方法[1)~5)]

鉄道沿線で発生した過去の崩壊事例を統計的に解析し，連続雨量と時間雨量の積で示される崩壊限界雨量に基づく危険度評価手法が提案されている（**付属資料 9 参照**）．**解説表 5.1** にこの方法で用いられる盛土の危険度評価基準を示す．この表より盛土では，基本点に①盛土の構造・土質条件（盛土高さ，土質，盛土強度），②基礎地盤の構造・土質条件（表層地盤地質，基盤傾斜角），③集水・浸透条件（透水係数，集水地形，縦断形態，横断形態），④経験雨量条件のそれぞれの該当する評価点を加算することによって，

解説表 5.1 盛土の危険度評価基準
$R^{0.3} \cdot r^{0.3} =$ 基本点 $+ \sum$（評価点）

	基 本 点	13.14			
	条 件	条件（上段）と評価点（下段）			
盛土の構造条件	盛土高さ H(m)	$P = -3.18 \times 10^{-3} H^2 - 7.09 \times 10^{-2} H + 7.87 \times 10^{-1}$			
	土質 S_E	粘性土	砂質土	礫質土	
		-1.05	0.07	0.14	
	貫入強度 N_C	$P = -9.79 \times 10^{-3} N_C^2 + 4.75 \times 10^{-1} N_C - 2.24$			
基盤条件	表層地盤の地質 S_B	沖積地盤		その他	
		-0.38		0.22	
	地盤の傾斜角 θ_B	平坦		$10°$ 以上	
		1.34		-1.10	
集水・浸透条件	透水係数 k(cm/s)	$k < 10^{-4}$	$10^{-4} \leq k < 10^{-3}$	$10^{-3} \leq k < 10^{-2}$	$10^{-2} \leq k$
		-0.17	0.26	-0.41	0.86
	集水地形 W_G	なし	対象側	反対側	
		0.52	-3.23	-1.83	
	縦断形態 T_L	切盛境界・落込勾配		平坦・単勾配	
		-0.53		-0.30	
	横断形態 T_H	純盛		片切片盛・腹付	
		0.21		-0.16	
経験雨量条件	経験雨量 R_E	$P = -1.06 \times 10^{-10} R_E^2 + 5.50 \times 10^{-5} R_E - 2.96$			
防護工（効果率100%の場合）		防護工種類		効果点	
		プレキャスト格子枠		4.26	
		張ブロック		3.35	

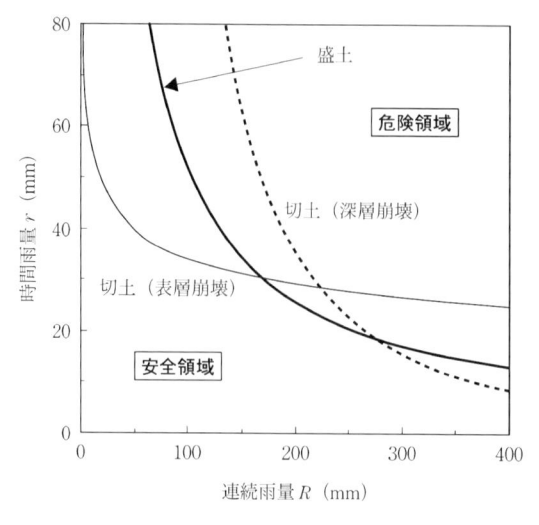

解説図 5.1 限界雨量曲線の例

連続雨量 R と時間雨量 r のべき乗の積として崩壊限界雨量を求める．この限界雨量は，**解説図 5.1** に示すように時間雨量と連続雨量の 2 次元平面図上では曲線で示されることが特徴であり，斜面相互の危険性の比較を行う評価だけではなく，実際の降雨との関係を評価できる．なお，切土の場合は，予想される崩壊形態により危険度評価基準が異なるものとなっている（**付属資料 9 参照**）．この手法は，斜面同士の相

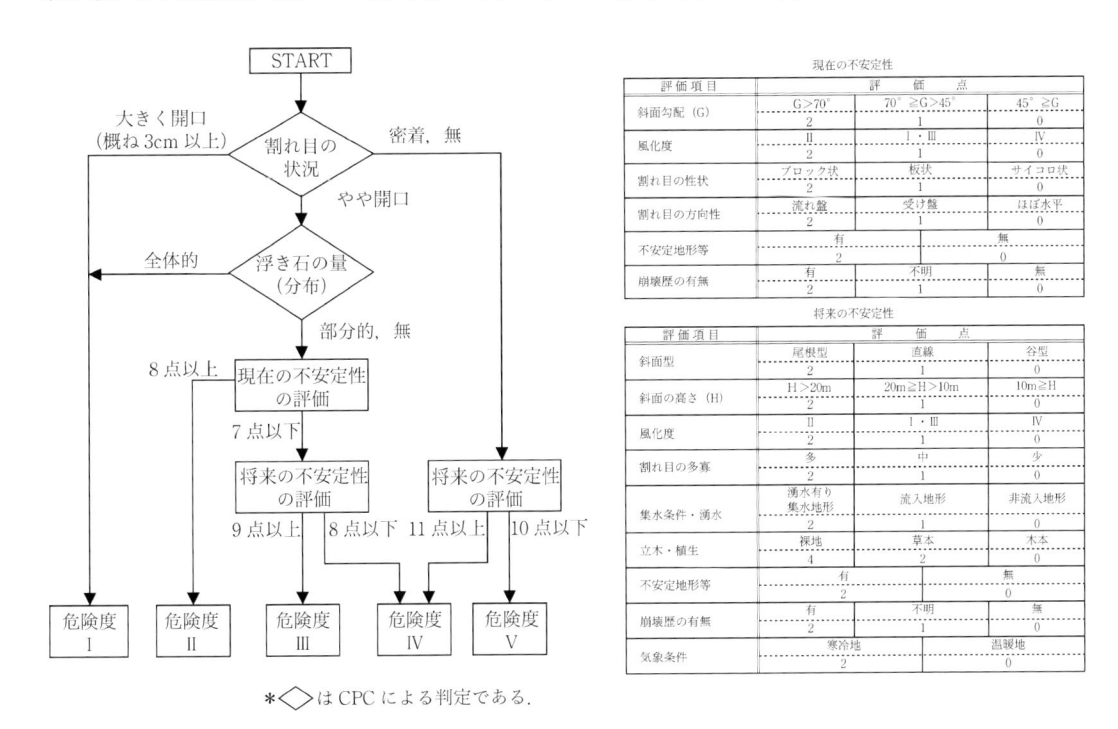

解説図 5.2 発生源での斜面の安定性評価手法（はく落型落石・岩石崩壊）

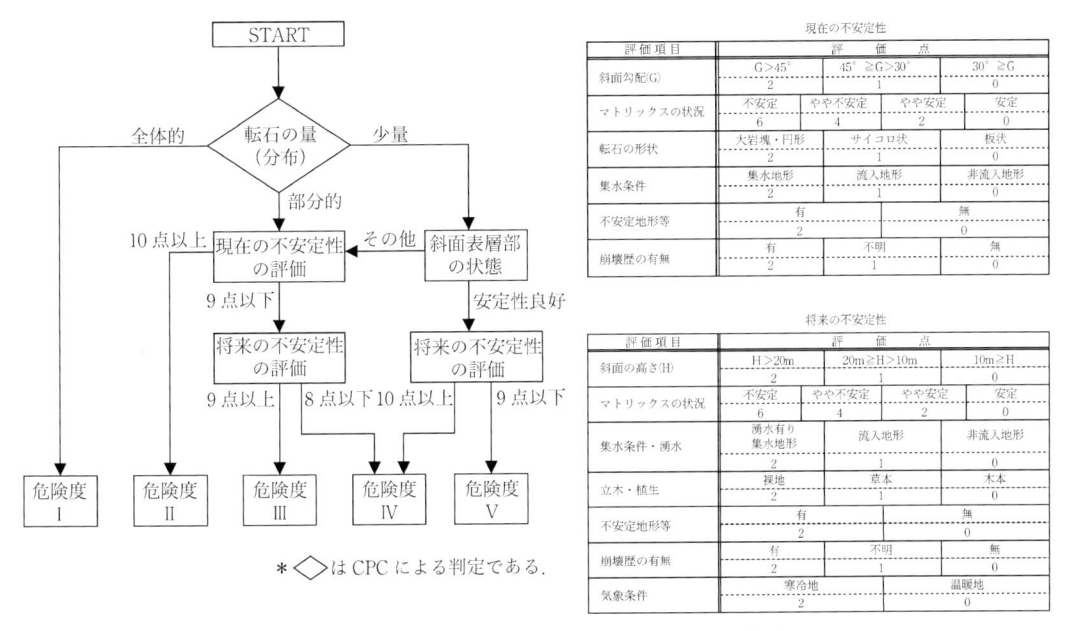

解説図 5.3 発生源での斜面の安定性評価手法（転落型落石）

対的な耐降雨強度の比較ができること，現地での調査および簡易な試験で判定ができることから，数多くの斜面を評価するのに適している．

　（Ⅱ）　切土（岩石斜面）[6),7),8)]

　岩石斜面の評価手法は，前述した「落石対策技術マニュアル」にも記載されているが，ここでは，落石・岩盤崩壊に関与する素因に着目し，多数の岩石斜面の評価結果を統計的に解析した安定性評価手法について示す（**付属資料10参照**）．この手法は，発生源での安定性評価に決定的素因（CPC：Critical Primary cause）という新しい概念を導入したこと，および現在の不安定性と将来の不安定性を区別した評価手法を考案している点に特徴がある．発生源での斜面の安定性評価を**解説図5.2，解説図5.3**に示す．発生源での斜面の安定性は，斜面の崩壊に対する危険度を危険度Ⅰ～Ⅴに分類することで評価している．

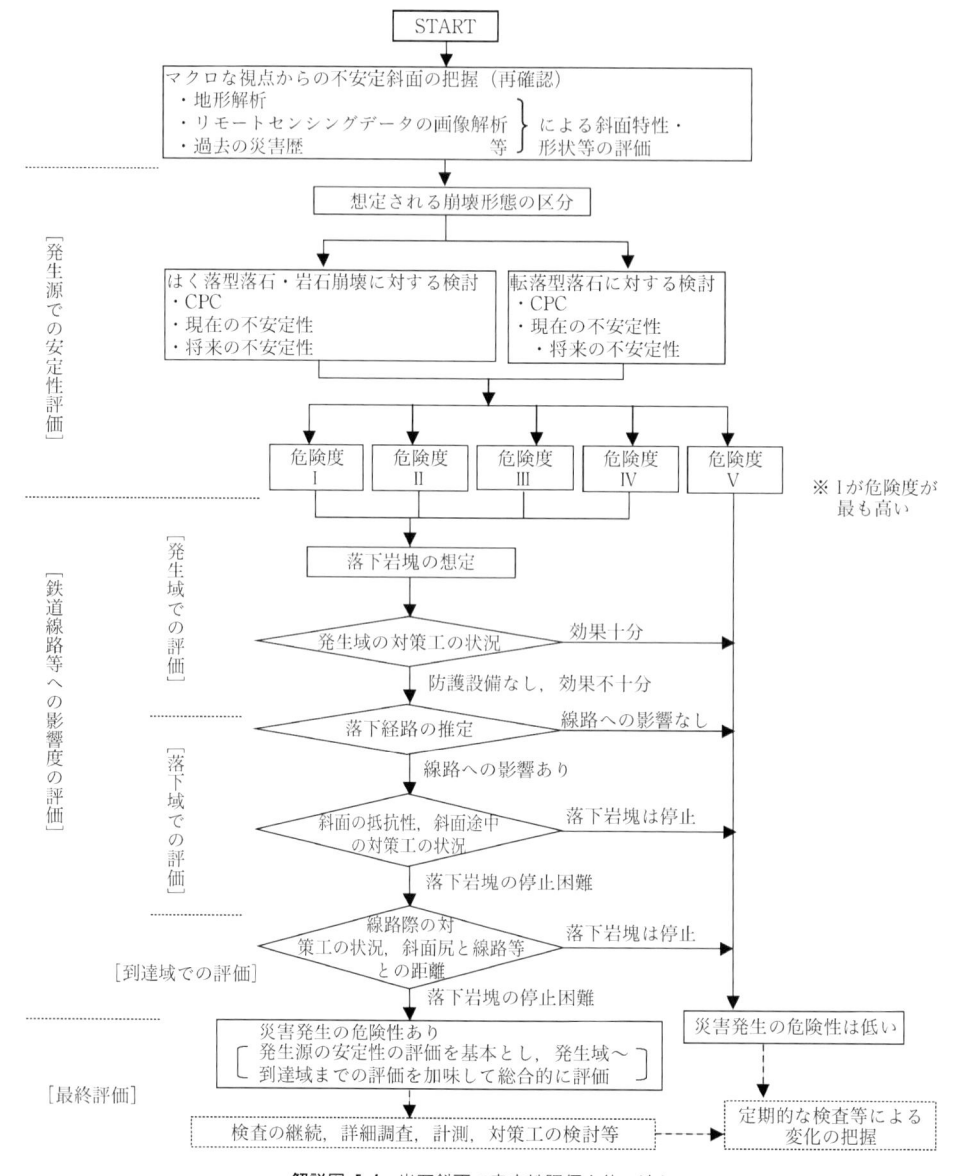

解説図 5.4　岩石斜面の安定性評価全体の流れ

解説図 5.4 にこの手法の安定性評価全体の流れを示す．この図より，この手法では発生源での安定性を評価した後，鉄道線路等への影響度の評価を行うことで最終的な評価を行うこととしている．

参 考 文 献

1) 杉山友康：降雨時の鉄道沿線斜面災害防止のための危険度評価法に関する研究，鉄道総研報告，特別第 19 号，1997.5.
2) 岡田勝也，杉山友康，村石尚，野口達雄：統計的手法による鉄道盛土の降雨災害危険度の評価手法，土木学会論文集，No. 448/Ⅲ-19, pp. 25-34, 1992.6.
3) K. Okada, T. Sugiyama, H. Muraishi, T. Noguchi, M. Samizo : Statistical Risk Estimating Method for Rainfall on Surface collapse of A Cut Slope, Soils and Foundations, Vol. 34, No. 3, pp. 49-58, 1994.9.
4) T. Sugiyama, K. Okada, T. Sugiyama, H. Muraishi, T. Noguchi, M. Samizo : Statistical Rainfall Risk Estimating Method for A Deep Collapse of A Cut Slope, Soils and Foundations, Vol. 35, No. 4, pp. 37-48, 1995.12.
5) 杉山友康，岡田勝也，秋山保行，村石尚，奈良利孝：鉄道盛土の限界雨量に及ぼす防護工の効果，土木学会論文集，No. 644/Ⅳ-46, pp. 161-171, 2000.3.
6) 野口達雄：鉄道沿線岩石斜面の安定性評価に関する研究，鉄道総研報告，特別第 51 号，2002.3.
7) 野口達雄：落石・崩壊に係わる素因の分析にもとづく岩石斜面の新しい安定性評価手法，鉄道総研報告，第 16 巻，第 8 号，pp. 23-28, 2002.8.
8) 野口達雄：鉄道沿線岩石斜面の新しい安定性評価手法，日本鉄道施設協会誌，第 41 巻第 6 号，pp. 9-13, 2003.6.

6章 随時検査

6.1 一般

随時検査は，地震や大雨等により，変状の発生もしくはそのおそれのある構造物を抽出することを目的として，必要に応じて実施するものとする．

【解説】

随時検査は，大雨や地震等により盛土や切土の変状や崩壊が懸念され，早急に調査を行う必要がある場合や，通常全般検査の範囲よりも広域的な調査が必要と判断された場合等に行うものである．したがって，通常全般検査が定期的に行われるものであるのに対し，随時検査は特に周期を定めず必要が生じた場合に行うものである．ただし，随時検査の項目や方法，健全度の判定は通常全般検査を参考にするのがよい．なお，コンクリートのはく落等により公衆災害や列車の運行に支障を及ぼすおそれのある構造物に対し実施する検査を随時検査に含めて取り扱ってよい．

盛土や切土の随時検査には，以下のものがあげられる．

1) 大雨や地震後の調査

盛土や切土は，経時的な性能低下よりも降雨や地震等の外力が作用することによって不安定化し，変状，崩壊が発生する場合が多い．したがって，盛土や切土に現れる変状を早期に発見するために，大雨や地震後の調査は重要である．大雨や地震後の調査は，それらの外力によって変状や崩壊が懸念される盛土や切土を早急に抽出することが主な目的であり，それらの外力による短期的な変化，つまり盛土や切土に現れる変状や崩壊に着目した調査を行う必要がある．

大雨後の調査では，変状を早期に発見するだけではなく，排水溝，伏び等の排水設備の水の流れやのり面からの湧水，のり面への水の集中度合いなど，盛土や切土の安定性に影響を及ぼす水環境を把握することも重要である．また，地震後の調査では，切土の場合，浮き石や転石が不安定化していないかどうかを把握することも重要である．

「4.1 一般」【解説】で述べた盛土の崩壊形態は，主に降雨による崩壊についてまとめたものである．そこで，**解説図 6.1** に地震による盛土の崩壊形態[1]を示すとともに，以下にそれらについて述べる[2]．

①のり面流出

この崩壊形態は，盛土の土羽部分がすべるものである．このような崩壊は，土羽部分と盛土本体に転圧差があり，粘着力の小さい砂質土で構築された新設盛土に多い．

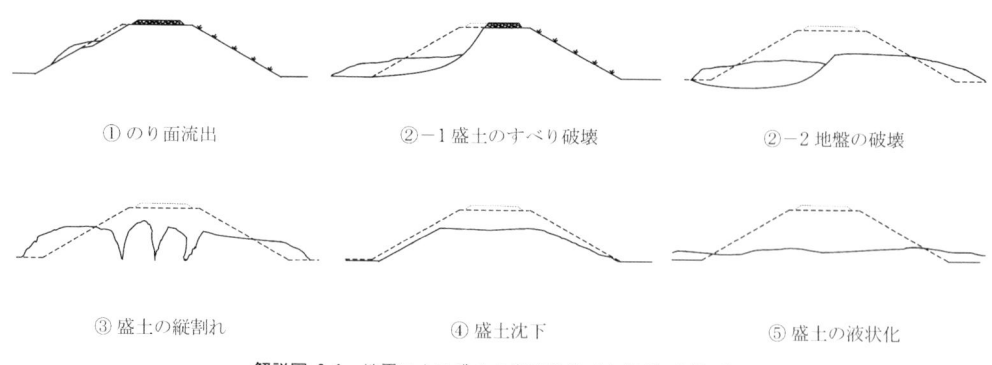

①のり面流出　　　②-1 盛土のすべり破壊　　　②-2 地盤の破壊

③盛土の縦割れ　　　④盛土沈下　　　⑤盛土の液状化

解説図 6.1　地震による盛土の崩壊形態（文献 1）を修正）

②盛土崩壊

　この型の崩壊は，盛土本体が崩壊するものと地盤が崩壊するもののタイプに分けられる．前者は，ピート，砂質土の地盤上の古い盛土に多く見られ，締固めが十分でなかったことに起因するとされている．一方後者は，軟弱地盤で発生することが多く，のり尻前方の地盤が盛り上がり盛土自体の沈下が大きいことが特徴である．このような崩壊は，盛土本体に比較して地盤が著しく軟弱な場合に発生しやすい．

③盛土の縦割れ

　この崩壊形態は，盛土中心線にほぼ平行する数条の地割れによって盛土が分断され，のり面はき裂による断落ちを伴って平滑化し，盛土の施工基面幅が拡大するものである．このような崩壊は，盛土底部に大きな過剰間隙水圧が発生する場合に起こるとされており，沢を渡る盛土や沖積層地盤などの盛土は注意を要する．

④盛土の沈下

　この崩壊形態は，盛土全体がもとの形状をほぼそのままにして数 10 cm 沈下するもので，沖積地盤上の盛土に多く見られる．また，橋台裏などの構造物との接合部においても沈下が発生することがある．

⑤盛土の液状化

　この崩壊形態は，盛土本体が液状化し，原形を残さない状態で崩壊するものである．このような崩壊は，飽和したゆるい砂地盤上の盛土で，盛土材料が均等な粒径の砂である場合に発生する．この崩壊形態は，崩壊機構，形態ともに他の形態とは全く異なる．

2)　広域調査

　周辺環境の変化は，盛土や切土の安定性に大きな影響を及ぼす（「4.1　一般」【解説】参照）．そのため，盛土や切土周辺の踏査や空中写真などを利用した広域的な調査は，それら周辺の環境変化を把握する上で重要である．広域的な調査は，通常全般検査では把握しきれない範囲の周辺環境変化を捉えることが目的であり，草木が枯れる時期や融雪時など周辺環境の状況が分かる時期に環境の長期的な変化に着目して行うことが望ましい．

3)　その他，必要と判断された調査

　他の箇所で発生した災害との類似箇所を緊急に抽出する調査や伏びの破損を臨時に抽出する調査などを必要に応じて行うことは，盛土や切土の安定性を総合的に判断する上で有益なことである．このような調査により，盛土や切土の変状や不安定な状況を見つけ，未然に災害を防止することができた事例もある．

6.2 調査項目

　随時検査における調査項目は，変状の発生が懸念される要因および構造物の特性を考慮し，変状発生の有無やその状況を適切に確認できる項目とする．

【解説】
　大雨や地震後の調査は，盛土や切土に現れる変状や崩壊に着目して行うものである．そのため，調査項目は盛土や切土，防護設備，排水設備の変状状態である．また，広域的な調査は，盛土や切土周辺の環境の長期的な変化に着目して行うものである．そのため，調査項目は，盛土や切土の周辺環境の状況である．このように，具体的な調査項目は，調査の目的に応じて適切に選定する必要があるが，その際には通常全般検査の調査項目を参考にするのがよい．

6.3 調査方法

　随時検査における調査方法は，目視を基本とする．なお，構造物の実状を考慮し，必要に応じて目視以外の方法により実施するものとする．

【解説】
　随時検査の調査は，随時検査の調査の目的に応じて異なるが，基本的には通常全般検査と同様に目視によって行う．ただし，空中写真などを利用した広域調査では過去と現在の空中写真の比較などの資料調査が主となる．このように，随時検査の調査方法は，調査の目的に応じて適切に選定するものとする．

6.4 健全度の判定

　随時検査における健全度の判定は，通常全般検査における「4.3.4 健全度の判定」に準ずるものとする．

【解説】
　随時検査の健全度の判定は，基本的には通常全般検査に準ずるものとする．
　ただし，大雨や地震後の調査は，変状や崩壊が懸念される盛土や切土を早急に抽出することが主な目的である．そのため，「4.3.4 健全度の判定」【解説】で示した変状に対する調査のみを行い，不安定性に対する調査は行わなくてよい．また，健全度は，変状や崩壊が懸念される場合対象とする盛土や切土の健全度をAAまたはAと判定し，その他は変更しないことを基本とする．
　また，広域調査の結果，盛土や切土の周辺環境に変化が見られた場合には，次回の通常全般検査の際にそれら自体あるいは排水設備，周辺の水環境に変化が見られないかという点に十分注意して調査を行う必要がある．健全度は，これらの調査結果あるいは前回の通常全般検査の結果を踏まえて総合的に判断する必要がある．

参 考 文 献

1) 野沢太三：新幹線盛土構造物の耐震強化に関する研究, 鉄道技術研究所報告, No.1304, 1986.3
2) 村上　温, 野口達雄監修：鉄道土木構造物の維持管理, (社) 日本鉄道施設協会, pp.433-435, 1998.9.

7章 措　　置

7.1 一　　般

（1） 措置の方法と時期は，構造物の健全度，重要度，列車運行への影響度等を考慮し，決定するものとする．
（2） 措置の種類は，以下に示す（a）〜（d）より一つあるいは複数を組み合わせて選定するものとする．
　（a） 監視
　（b） 補修・補強
　（c） 使用制限
　（d） 改築・取替

【解説】

　盛土や切土の場合，措置は列車運行における安全の確保を目的として行われる．検査において健全度がAAと判定された場合は，直ちに措置を行い，Aと判定された場合は，必要な時期に適切な措置を行うものとする．また，Bと判定された場合は，必要に応じて監視等による措置を行うものとする．

　AAと判定された構造物については，直ちに安全上必要な措置を講じる必要があるが，この場合の措置は，早急に列車を運行させるために応急的なものとなる場合が多い．そのため，応急的な措置を行った後は，対象とする構造物の状態を詳細に把握するとともに，その結果を考慮した措置を確実に行わなければならない．

　健全度がAAと判定され応急的な措置が行われたものや健全度がAと判定されたものは，まず，盛土や切土に現れた変状の原因や不安定性要因，およびその盛土や切土で発生すると想定される崩壊形態を検査結果に基づき的確に把握することが重要である．その上で，対象とする盛土や切土の重要度，および措置の効果や施工性，経済性を十分考慮して措置の方法や時期を選定しなければならない．なお，その際には今後の維持管理の方法や費用を考慮し，長期的な視野に立って措置を計画することが重要である．

　具体的な措置の方法としては，監視，補修・補強，使用制限，改築・取替があるが，これらの概要については次節以降に示す．

7.2 監　視

監視は，構造物の変状の進行を把握することを目的とし，適切な方法により行うものとする．

【解説】

監視とは，盛土や切土，あるいはそれらに付帯する防護設備等に既変状がありその進行性を目視や各種計測機器を用いて把握すること，あるいは，変状や崩壊のおそれがあり盛土や切土，あるいはそれらに付帯する防護設備等にその兆候が現れていないかどうかを健全なものよりも注意深く調査することをいう．

既変状に進行が見られる場合にはその原因を詳細に調査し，場合によっては列車の運行を制限する等の措置を講じる必要がある．また，その際には補修・補強等の措置もすみやかに検討しなければならない．

7.3 補修・補強

補修・補強は，構造物の性能の維持，回復あるいは向上を目的とし，検査結果および構造物の重要度，施工性，施工時期等を考慮して実施するものとする．

【解説】

補修・補強とは，盛土や切土が崩壊することを防止するために排水設備やのり面工などの対策を計画的に施工したり，被災した盛土や切土を復旧し，今後崩壊が起こらないように機能を回復したりすることをいう．

以下，補修・補強について盛土の場合と切土の場合に分けて述べる．

（Ⅰ）盛　土

盛土は，「4.1 一般」【解説】でも述べたように様々な崩壊原因が考えられ，なおかつ設計標準が整備されていない時代に建設された古いものが多い．しかし，これまで安定していた盛土がある時期崩壊する原因を考えた場合，その原因は雨水の集中によることが多いために，盛土の対策としてはこれらの雨水の集中を解消する排水設備による対策が最も基本であるといえる．また，排水設備による対策のみでは盛土の崩壊を防ぐことができないと予想される場合や現状以上に耐雨性を向上させる必要がある場合は，排水設備を併用したのり面防護工による対策が施工されることが多い．

以下に，盛土の崩壊に対する主な対策工について述べる．なお，これら対策工の詳細については「鉄道構造物設計標準・同解説　土構造物」（（財）鉄道総合技術研究所）等を参考にするのがよい．

（a）排水設備

前述したとおり，盛土の崩壊防止のためには，まず局所的な水の集中を防止することが重要であり，その対策を行うことが基本となる．排水設備の計画・設計手順に関しては，古い既設の盛土に対しても新設盛土の考え方に基づいて排水設備が整備されることが基本であるが，最も重要なことはそれらの排水設備を常に十分機能する状態に管理することである．

新設盛土では，雨水により盛土内部に地下水面が形成されるおそれがある場合は，盛土のり尻部に排水ブランケットを設けることとしている．しかし，既設盛土では排水ブランケットの施工が困難なために，

その代わりとして排水パイプが施工される場合がある．この方法は，東海道新幹線の開業当初に発生した盛土の崩壊を契機にして，盛土内部に浸透した水や路盤内（施工基面部分）に湛水した水を抜く工法として採用され，実績を上げてきた．**解説図7.1**に排水パイプを用いた水抜き対策の概略を示す．さらに，最近ではこの工法を単独で用いる以外に場所打ち格子枠やプレキャスト格子枠などののり面防護工と併用して用いられる場合も多くなってきている．

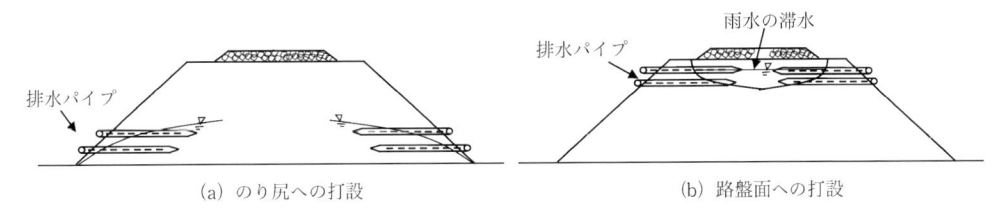

(a) のり尻への打設　　　　　(b) 路盤面への打設

解説図 7.1 排水パイプを用いた水抜き対策の概略

（b）のり面防護工

のり面防護工は，のり面の侵食崩壊や表層部分の崩壊などを防止することを目的として施工される．最近では，のり面防護工によりのり面を被覆することは，侵食防止の効果に加え，盛土内部への雨水の浸透を遮断することによる崩壊防止の効果があることが明らかになっている[1),2)]．のり面防護工の種類は，懸念される崩壊の形態，現地の状況，盛土材料等によって様々な方法がとられている．代表的なものを**解説表7.1**に示す．

一方，排水設備が整備されその機能が十分働いている場合には，基本的には円弧すべりなどの深い崩壊に対する抑止工を施工する必要はないが，特に危険とされる箇所や深い円弧すべりが懸念される箇所には，抑止杭等の抑止工法が採用されることがある．

解説表 7.1 代表的なのり面防護工の種類[3)]

工法	条件	盛土高さ 3m以下程度	盛土高さ 3m以上程度	植生工との併用	水の影響※1 雨による表流水の侵食防止	水の影響※1 浸透水の盛土内への出水の可否	水の影響※1 のり尻の洗掘防止	凍上防止※2	耐久性	施工性	備考
張ブロック工	平板ブロック（空張）	◎	△	×	◎	○	○	△	○	○	
	のり枠ブロック（空張）	◎	△	○	◎	○	○	△	○	○	枠内は植生工，栗石工等で防護
プレキャスト格子枠工	コンクリート製	○	◎	◎	○	◎	○	○	○	○	枠内は植生工，張ブロック工，栗石工等で防護
	鋼製，プラスチック製等	◎	◎	◎	○	○	○	△	△	○	枠内は植生工で防護（植生工との併用が原則）
編さく工		◎	◎	◎	○	○	△	△	×	○	植生繁茂までの補助工法
蛇かご工		○	△※3	×	○	○	◎	◎	△	○	局所的な工法

◎：適する，良い　　※1　まず，排水対策を十分考慮することが必要
○：やや適する，やや良い　　※2　まず，良質材料への置換や緩勾配への変更の検討が必要
△：やや不適，やや悪い　　※3　のり尻等のり面下部のみの防護には適する
×：不適，悪い

（Ⅱ）切　土

切土の対策工は，対象とする切土で発生する崩壊形態を考慮して施工しなければならない．ここでは，切土で発生する主な崩壊形態である（a）土砂崩壊と小規模な岩盤崩壊，（b）落石に分けて，その崩壊形

態に対する対策工の考え方を示す．

(a) 土砂崩壊と小規模な岩盤崩壊

土砂崩壊や小規模な岩盤崩壊に対する対策工は，のり面の表層部を保護するのり面防護工（抑制工）と崩壊そのものを防ぐ抑止工に分けられる．**解説表 7.2** に主な対策工を示す．

対策工を選定するためには，対象箇所における崩壊形態や規模を想定する必要がある．また，対策工を施工する時点が，建設時，供用後の維持管理時，あるいは災害復旧時では施工条件が全く異なるため，工法選定時の留意点や工法そのものが異なる可能性があることも認識しておかなければならない．

対策工の詳細については「鉄道構造物設計標準・同解説　土構造物」（(財)鉄道総合技術研究所）等を参考にするのがよい．しかし，この標準は建設時の対策工に対する考え方を述べているものである．そのため，切土が安定勾配であることを前提条件としており，対策工の役割は主にのり面表層部の保護を目的としている．したがって，現状のまま安定勾配を確保できない場合や維持管理を目的として施工する際に遭遇する多様な条件化では，この標準を適用することができない場合もあることを認識しておく必要がある．

解説表 7.2　土砂崩壊と小規模な岩盤崩壊に対する主な対策工[4]

工　法	工　種	目　的
緑　化　工	種子吹付け工，植生マット工，植生袋工，その他多数	侵食防止，景観保護
排　水　工	地表面水排水工，地下水排水工	斜面表面，内部の水の排水
表面被覆工	モルタル・コンクリート吹付け工石張・ブロック張工	侵食防止，風化防止，はく離防止
柵　　　工	土留柵工，編柵工	表土層の固定，緑化工の基礎工
蛇 か ご 工	蛇かご・ふとんかご工	侵食防止，押さえ盛土効果
の り 枠 工	プレキャスト・現場打ち枠工	はく離防止，緑化工・表面被覆工の基礎工
切土・盛土工	切土工，押さえ盛土工	断面形状変化による斜面の安定化
擁　壁　工	石・ブロック積工，もたれ擁壁・重力式・枠式等	崩壊防止，他の工法の基礎工
杭　　　工	工法多数	崩壊防止
アンカー工	工法多数	崩壊防止
落石防止工	落石防止網・柵・壁，根固め工，落石覆い工	落石の防護，予防

(b) 落石

落石の対策は，対策工の施工位置から，発生源対策，斜面途中対策，線路際対策の3つに分けて考えることができる．このうち，最も効果的な対策は発生源対策であるが，斜面の形状や地形条件，用地等の条件によっては困難なこともあり，順次，斜面途中対策，線路際対策と検討するのが望ましい．また，落石の対策は，対策工の性質から予防工法と防護工法に分けて考えることができる．**解説表 7.3** に落石対策工の適用に関する参考表を示す．

対策工の詳細については，「落石対策技術マニュアル」（(財)鉄道総合技術研究所，1999年3月）等を参考にするのがよい．

解説表 7.3 落石対策の適用に関する参考表[5]

特徴	対策工の効果						耐久性	維持管理	施工の難易	信頼性	経済性
	風化侵食防止	発生防止	方向変更	エネルギー吸収	抵抗衝撃に	なだれ防止兼用					
適用性 ◎	非常によい						非常によい	手がかからない	容易	非常によい	安い
○	よい						よい	やや手がかかる	やや容易	よい	場合による
工法 △							落石で破損	手がかかる	難しい		高い
落石予防工	斜面切土		◎					◎	○	△	◎	○
	浮き石整理		◎					○	○	△	○	○
	根固め工	○	◎					○	○	○	◎	○
	ロックアンカー		◎					○	○	○	◎	○
	表面被覆	◎						○	○	○	◎	○
	ワイヤーロープ掛工		◎					○	○	○	○	○
落石防護工	落石防止林	◎			◎	○	◎	○	△	◎	◎	◎
	多段式落石止柵				◎	○	○	△	△	○	○	○
	落石誘導柵			◎	○	○	○	○	○	◎	◎	◎
	落石防止壁			◎	○	○	○	○	△	◎	◎	◎
	落石防止柵				◎	○	○	○	○	◎	◎	◎
	落石防止網		○		◎	○	○	○	○	◎	◎	◎
	落石覆			◎	◎	◎	◎	◎	△	◎	△
	落石止擁壁				◎	◎	◎	○	◎	◎	○
	落石止土堤				◎	◎	◎	○	◎	◎	○

7.4 使用制限

使用制限は，列車の安全な運行，旅客，公衆の安全を確保するために実施するものとする．

【解説】

構造物の使用制限とは，明らかに盛土や切土の崩壊が近いと判断される場合，事故や災害等の緊急時，補修・補強等の措置を行う場合において列車や構造物周辺の安全が確保できないと判断した時に，一時的に列車の運行制限や周辺道路または施設に注意喚起する措置のことをいう．使用制限とは，主に次のようなものであり，構造物の変状や周辺の状況等に応じて行うこととする．

①列車の運転規制

一般的に列車の運転規制には，運転停止，入線禁止，荷重制限，速度制限がある．各々の概要を以下に示す．

 1) 運転停止：徐行等の措置によっても運転保安の確保が困難な場合で，安全の確保もしくは事故防

止のために行う．
2) 入線禁止：橋梁等の構造物の耐力・剛性が不足する場合で，速度制限によってもなお運転保安上の阻害もしくは構造物に悪影響を及ぼすような車両に対して行う．
3) 荷重制限：橋梁等の構造物の耐力・剛性が不足する場合で，構造物にかかる荷重を所定の限度内に抑えるために行う．これには重連禁止，積荷制限等がある．
4) 徐行：徐行は，次の目的で実施する．
   (ⅰ) 走行時の衝撃を小さくし，構造物に作用する荷重を小さくする．
   (ⅱ) 軌道変位に対して走行安全および所定の乗り心地を確保する．
   (ⅲ) 車両の動揺，傾きを小さくし，走行上必要な限度を守る．
   (ⅳ) 支障物を発見した場合，安全に停止できるようにする．
   (ⅴ) 異常をすみやかに感知し，事故防止の措置が直ちにとれるようにする．

明らかに盛土や切土の崩壊が近いと判断し列車の運行を制限した場合には，崩壊や変状の原因を明らかにし，その原因を考慮した応急対策や復旧対策を行った後にその措置を解除する必要がある．その際には，目視や各種計測機器を用いて盛土や切土の状態を把握し，崩壊のおそれがないことを的確に判断しなければならない．

②近接する道路や通路・区域の通行規制

構造物の変状の進行により，線路と近接する道路や通路・区域において歩行者や車両等の安全を脅かすおそれがある場合に，第三者災害を防止する目的で，それら道路や通路・区域の通行や立入を禁止または制限する措置である．

ただし，道路の通行規制を行う場合，一般に道路管理者あるいは警察等の許可または届出が必要であるなど，鉄道事業者の任意判断では実施できないことが多い．したがって，構造物の変状が進行し第三者に影響を及ぼすおそれがある場合，迅速な対応ができるように関係機関等との連絡体制についてあらかじめ確立しておくことが災害防止の観点から望ましいといえる．

7.5 改築・取替

改築・取替は，必要性および時期について，十分な検討を行った上で実施するものとする．

【解説】

構造物の改築・取替は，他の措置の方法によることが経済的に不利，あるいは技術的に困難な場合に行うものである．

構造物の改築・取替を行うのは，一般的に次の場合である．

①地すべり，規模の大きな落石・岩盤崩壊，雪崩の多発，地盤変位，その他の自然現象を防止する対策工に多額の工費と工期を要す，あるいはその対策が技術的に困難であるため，線路変更を行う場合．
②補修・補強に多額の工費と工期を要し，かつ信頼度も低いために，改築・取替による措置が経済的により有利である場合．
③その他，改築・取替による措置が最も有利と判断される場合．

構造物の改築・取替を行う場合，その設計方法については，現行の「鉄道構造物等設計標準・同解説（土構造物）」によることを基本とする．

7.6 措置後の取扱い

（1） 補修・補強等の措置を講じた場合は，健全度の見直しを行うとともに，回復した性能に応じて措置の内容を見直すことができる．

（2） 監視により変状の進行または新たな変状発生の兆候が認められる場合は，健全度の見直しを行うとともに，措置の内容を見直すものとする．

（3） 監視により変状の進行または新たな変状発生の兆候が認められない場合は，健全度の見直しを行うとともに，措置の内容を見直すことができる．

【解説】

補修・補強等を実施し，構造物の性能を回復・向上させた場合には，その効果を考慮して健全度を見直す必要がある．その際，盛土や切土の場合，線区重要度や経済的な理由により補修・補強等の種類によっては，変状あるいは崩壊の可能性を完全に排除できない場合があることに注意する必要がある．

監視により構造物に変状の進行性が見られたときは，その状況を十分把握した上で健全度を見直すとともにその他の措置の必要性について検討する必要がある．

参 考 文 献

1) 杉山友康：降雨時の鉄道沿線斜面災害防止のための危険度評価法に関する研究，鉄道総研報告，特別第19号，1997.5.
2) 岡田勝也，杉山友康，太田直之，布川修，柴田英明：鉄道盛土の法面被覆が降雨崩壊に及ぼす影響，土木学会論文集 No.778/Ⅲ-69, pp.111-124, 2004.12.
3) （財）鉄道総合技術研究所：鉄道建造物設計標準・同解説―土構造物―，丸善，1992.11.
4) 渡正亮，小橋澄治：地すべり・斜面崩壊の予知と対策，山海堂，1987.4
5) （財）鉄道総合技術研究所：落石対策技術マニュアル，1999.3.

8章 記　　録

8.1　一　般

構造物の維持管理を将来にわたり適切に行うために，検査，措置等の記録を作成し，これを保存するものとする．

【解説】
　構造物に対する検査，措置の記録は，供用期間中その構造物を最適に維持管理するために重要である．したがって，これらの記録は今後の維持管理のことを考慮し，維持管理に従事する様々な人が容易に内容を理解できるようにする必要がある．そのため，記録は，写真やスケッチを活用し検査や措置ごとにある程度書式を統一するなど，適切な記録項目や方法を選定する必要がある．そして，それらの記録は，適切な方法で保存されるべきである．
　また，盛土や切土の場合，写真等で記録を残すだけではそれ自体やそれらの周辺の状況を把握することが難しいことがある．そのような場合は，1/1000～1/2500 の平面図（地形図）にその状況を記録した図面等を作成し，詳細な部分については，スケッチ等を加えるとより分かりやすい記録となる．特に山間部に位置する盛土や切土の場合は，周辺斜面の状況を含めたスケッチ等を作成し，維持管理を行っていくことが望ましい．

8.2　記録の項目

記録の項目は，次の各項について定めるものとする．
（1）　検査
（2）　措置
（3）　その他，構造物の維持管理に必要な項目

【解説】
　検査や措置の記録の共通項目としては，その構造物の場所（あるいは名称），検査や措置の時期等があげられる．なお，検査，措置の履歴や崩壊履歴（ある場合）の一覧を作成しておくと，今後の検査，措置

の計画を策定しやすい．**付属資料11**に記録の例を示す．また**付属資料12**に構造物の検査結果を記録するシステムの例を示す．

(1) について

検査の主な記録項目を，検査ごとに以下に示す．

（a） 初回検査
- 盛土，切土，およびそれらに付帯する防護設備等の初期状態
- 周辺環境の初期状態
- 必要により実施した各種試験結果
- 健全度とその理由

（b） 通常全般検査
- 変状に対する調査結果
- 不安定性に対する調査結果
- 健全度とその理由

（c） 個別検査
- 変状や不安定性の詳細調査結果
- 変状原因や予想される崩壊形態，規模
- 必要により実施した各種試験結果
- 健全度とその理由

（d） 随時検査
- 調査目的と内容
- 調査結果
- 健全度とその理由

また，上記で述べた項目以外に，必要に応じて地形図や地質図，設計図面や設計時の各種計測結果，災害履歴等を検査の記録として整理し保存しておくことは，維持管理を行うにあたって重要なことである．

(2) について

措置に関しては，措置の方法やその選定理由，措置の効果の確認結果等を記録しておくのがよい．

8.3 記録の保存

検査，措置等の記録のうち，必要なものについては適切な方法により保存するものとする．

【解説】

維持管理の記録は，対象とする構造物の過去から現在までの維持管理内容を記したものである．したがって，一度紛失するとこれまで蓄積した維持管理内容を把握することができず，適切な検査や措置の計画を策定することが困難となる．

また，これらの記録は，盛土や切土に変状が現れた場合や崩壊が発生したときに，その原因を把握するために役立つ場合が多い．さらに，類似した他の箇所に変状や崩壊が発生した場合にも有益な資料となる．そのため，これらの記録はできるだけ長期にわたり保存しておくのが望ましい．

付 属 資 料

1. 通達条文（維持管理標準条文） …………………………………………………59
2. 維持管理における性能の確認に関する考え方 …………………………………67
3. 盛土の変状に対する健全度の判定例 ……………………………………………70
4. 切土の変状に対する健全度の判定例 ……………………………………………75
5. 盛土の不安定性に対する健全度の判定例 ………………………………………80
6. 切土の不安定性に対する健全度の判定例 ………………………………………89
7. 簡易な調査方法と調査機器について ……………………………………………99
8. 地すべり等に対する崩壊時間の予測 ……………………………………………105
9. 限界雨量に基づく盛土・切土の危険度評価手法 ………………………………108
10. 岩石斜面の安定性評価手法 ………………………………………………………116
11. 記録の例 ……………………………………………………………………………129
12. 構造物の検査結果を記録するシステム …………………………………………132

付属資料1　通達条文　（維持管理標準条文）

1章　総　則

1.1　適用範囲
　本標準は，鉄道構造物の維持管理を行う場合に適用する．ただし，特別な検討により適切な維持管理が可能であることを確かめた場合は，この限りでない．

1.2　用語の定義
　本標準では，用語を次のように定義する．

鉄道構造物：列車を直接的，間接的に支持する，もしくは列車の走行空間を確保するための人工の工作物．ただし仮設物を含まない．以下，構造物と記す．

維持管理：構造物の供用期間において，構造物に要求される性能を満足させるための技術行為．

維持管理計画：検査および措置の方法等を定めたもの．

変状：構造物があるべき健全な状態から性能が低下している状態．

構造物の機能：目的に応じて構造物が果たす役割．

構造物の性能：構造物が発揮する能力．

要求性能：目的および機能に応じて構造物に求められる性能で，一般には安全性，使用性，復旧性がある．

安全性：構造物が使用者や周辺の人の生命を脅かさないための性能．

使用性：構造物の使用者や周辺の人に不快感を与えないための性能および構造物に要求される諸機能に対する性能．

復旧性：構造物の機能を使用可能な状態に保つ，あるいは短期間で回復可能な状態に留めるための性能．

性能項目：構造物が要求性能を満たしているか否かを判定するために照査する項目．

性能項目の照査：構造物が要求される性能項目を満たしているか否かを判定する行為．

性能の確認：性能項目の照査等によって得られた情報を基に，健全度を判定することで，構造物が要求性能を満たしているかどうかを確認する行為．

健全度：構造物に定められた要求性能に対し，当該構造物が保有する健全さの程度．

検査：構造物の現状を把握し，構造物の性能を確認する行為．

初回検査：新設構造物および改築・取替を行った構造物の初期の状態を把握することを目的として実施する検査．

全般検査：構造物の全般にわたって定期的に実施する検査で，通常全般検査，特別全般検査がある．

通 常 全 般 検 査：構造物の変状等を抽出することを目的とし，定期的に実施する全般検査．
特 別 全 般 検 査：構造物の健全度の判定の精度を高める目的で実施する全般検査．
個 別 検 査：全般検査，随時検査の結果，詳細な検査が必要とされた場合等に実施する検査．
随 時 検 査：異常時やその他必要と考えられる場合に実施する検査．
検 査 員：検査計画の策定および調査結果に基づく健全度の判定を行う者と，検査の区分に応じて調査等を実施する者の総称．
調 査：構造物の状態やその周辺の状況を調べる行為．
目 視：変状等を直接目で見て行う調査．
入 念 な 目 視：構造物に接近する等して詳細に行う目視．
措 置：構造物の監視，補修・補強，使用制限，改築・取替等の総称．
監 視：目視等により変状の状況や進行性を継続的に確認する措置．
補 修：変状が生じた構造物の性能を回復させること，あるいは性能の低下を遅らせることを目的とした措置．
補 強：構造物の力学的な性能を初期の状態より高いものに向上させることを目的とした措置．
使 用 制 限：列車の運転停止，入線停止，荷重制限，徐行等により使用を制限する措置．
改 築：構造形式を部分的あるいは全体的に変更する措置，あるいは構造物の一部を取り壊して作り替える措置．
取 替：構造物全体を取り替える措置．
記 録：検査，措置，その他構造物の維持管理に必要な情報を記す行為，および記したもの．

2章　維持管理の基本

2.1　一　　　般

　構造物の維持管理は，構造物の目的を達成するために，要求される性能が確保されるように行うものとする．

2.2　維持管理の原則

　（1）　構造物の維持管理にあたっては，構造物に対する要求性能を考慮し，維持管理計画を策定することを原則とする．
　（2）　構造物の供用中は，定期的に検査を行うほか，必要に応じて詳細な検査を行うものとする．
　（3）　検査の結果，健全度を考慮して，必要な措置を講じるものとする．
　（4）　検査および措置の結果等，構造物の維持管理において必要となる事項について，適切な方法で記録するものとする．

2.3　維持管理計画

　構造物の維持管理にあたっては，検査および措置の方法等を定めた維持管理計画を策定することを原則とする．

2.4 構造物の要求性能

（1） 構造物の維持管理にあたっては，構造物に要求される性能を定めるものとする．
（2） 構造物の要求性能として，安全性を設定するものとする．なお，本標準における安全性は，列車が安全に運行できるとともに，旅客，公衆の生命を脅かさないための性能とする．
（3） 構造物の要求性能として，必要に応じて適宜，使用性や復旧性を設定するものとする．

2.5 検 査
2.5.1 一 般
構造物の検査は，構造物の変状やその可能性を早期に発見し，構造物の性能を的確に把握するために行うものとする．

2.5.2 検査の区分と時期
（1） 検査の区分は，初回検査，全般検査，個別検査および随時検査とし，全般検査は，通常全般検査および特別全般検査に区分する．
（2） 検査の周期は，「施設及び車両の定期検査に関する告示」に基づき，適切に定めるものとする．

2.5.3 検 査 員
検査員は，構造物の維持管理に関して適切な能力を有する者とする．

2.5.4 調 査
調査は，検査の区分に応じて，適切な方法により実施するものとする．

2.5.5 変状原因の推定および変状の予測
（1） 個別検査においては，変状原因の推定および変状の予測を行うことを原則とする．全般検査，随時検査においても，必要に応じて変状原因の推定および変状の予測を行うのがよい．
（2） 変状原因の推定および変状の予測は，調査の結果に基づき，適切な方法により行うものとする．

2.5.6 性能の確認および健全度の判定
（1） 性能の確認は，健全度の判定により行うものとする．健全度の判定は，検査の区分に応じて，調査，変状原因の推定および変状の予測等の結果に基づき，適切な判定区分を設けて行うことを原則とする．
（2） 健全度の判定区分は，**表 2.5.1** を標準とし，各構造物の特性等を考慮し，定めることを原則とする．

表 2.5.1　構造物の状態と標準的な健全度の判定区分

健全度		構造物の状態
A		運転保安，旅客および公衆などの安全ならびに列車の正常運行の確保を脅かす，またはそのおそれのある変状等があるもの
	AA	運転保安，旅客および公衆などの安全ならびに列車の正常運行の確保を脅かす変状等があり，緊急に措置を必要とするもの
	A1	進行している変状等があり，構造物の性能が低下しつつあるもの，または，大雨，出水，地震等により，構造物の性能を失うおそれのあるもの
	A2	変状等があり，将来それが構造物の性能を低下させるおそれのあるもの
B		将来，健全度 A になるおそれのある変状等があるもの
C		軽微な変状等があるもの
S		健全なもの

注：健全度 A1，A2 および健全度 B, C, S については，各鉄道事業者の検査の実状を勘案して区分を定めてもよい．

(3) トンネルについては，(2)に加え，必要と判断される箇所等に対し，**表2.5.2**を標準とし，はく落に対する安全性について健全度の判定を行うものとする．

表 2.5.2 トンネルにおけるはく落に関する変状の状態と標準的な健全度の判定区分

健全度	変状の状態
α	近い将来，安全を脅かすはく落が生じるおそれがあるもの
β	当面，安全を脅かすはく落が生じるおそれはないが，将来，健全度αになるおそれがあるもの
γ	安全を脅かすはく落が生じるおそれがないもの

(4) 土構造物については，**表2.5.1**において健全度AをA1，A2に細分化しないことを基本とする．

2.6 措　　置

措置は，健全度等を考慮して実施するものとする．

2.7 記　　録

検査，措置，その他構造物の維持管理に必要な情報については記録し，保存するものとする．

3章　初 回 検 査

3.1 一　　般

(1) 初回検査は，新設構造物および改築・取替を行った構造物の初期の状態を把握することを目的として実施するものとする．
(2) 初回検査は，供用開始前に実施するものとする．

3.2 調査項目

初回検査における調査項目は，通常全般検査における「**4.3.2　調査項目**」に準ずるほか，必要に応じて調査項目を適宜，設定するものとする．

3.3 調査方法

初回検査における調査方法は，入念な目視を基本とする．なお，構造物の実状を考慮し，必要に応じて目視以外の方法により実施するものとする．

3.4 健全度の判定

初回検査における健全度の判定は，通常全般検査における「**4.3.4　健全度の判定**」に準ずるものとする．

4章　全般検査

4.1　一　　般
　全般検査は，構造物の状態を把握し，健全度の判定を行うことを目的として，定期的に実施するものとする．

4.2　全般検査の区分
　全般検査は，以下のとおり区分する．
（1）　通常全般検査
（2）　特別全般検査

4.3　通常全般検査
4.3.1　一　　般
　通常全般検査は，構造物の変状等の有無およびその進行性等を把握することを目的として定期的に実施するものとする．

4.3.2　調査項目
　通常全般検査における調査項目は，構造物の特性と周辺の状況に応じて設定するものとする．

4.3.3　調査方法
　通常全般検査における調査方法は，目視を基本とする．

4.3.4　健全度の判定
（1）　通常全般検査における健全度の判定は，変状の種類，程度および進行性等に関する調査の結果に基づき，総合的に行うものとする．
（2）　構造物の健全度は，「**2.5.6**　性能の確認および健全度の判定」に基づき判定することを原則とする．
（3）　安全を脅かす変状等がある場合は健全度 AA と判定し，緊急に使用制限等の措置を行うものとする．
（4）　健全度 A と判定された構造物は，個別検査を実施するものとする．
（5）　トンネルについては，はく落に対する健全度の判定も行うものとする．

4.4　特別全般検査
4.4.1　一　　般
（1）　特別全般検査は，健全度の判定の精度を高めることを目的として，検査精度を高めて実施するものであり，通常全般検査に代えて実施することができる．
（2）　特別全般検査を実施する時期は，構造物の特性，環境に応じて適切に定めるものとする．
（3）　特別全般検査を実施し，所要の性能が確認された構造物に関しては，全般検査の周期を延伸することができる．ただし，抗土圧構造物，土構造物，トンネル，はく離・はく落が発生した場合に第三者に危害を及ぼすおそれのある構造物においては周期を延伸することができない．
（4）　トンネルにおいては，（2）にかかわらず原則として新幹線で10年を超えない期間ごと，新幹線以外で20年を超えない期間ごとに特別全般検査を行うものとする．

4.4.2 調査項目
　特別全般検査における調査項目は，通常全般検査における「**4.3.2　調査項目**」に準ずるほか，検査精度を高めるために必要な項目を適宜，設定するものとする．

4.4.3 調査方法
　特別全般検査における調査方法は，入念な目視のほか，必要に応じて各種の方法によるものとする．

4.4.4 健全度の判定
　特別全般検査における健全度の判定は，通常全般検査における「**4.3.4　健全度の判定**」に準ずるものとする．

5章　個　別　検　査

5.1　一　　般
　個別検査は，全般検査，随時検査の結果，詳細な検査が必要とされた構造物に対して，精度の高い健全度の判定を行うことを目的として実施するものとする．

5.2　調　　査

5.2.1　一　　般
　個別検査における調査は，精度の高い健全度の判定が可能な情報が得られるよう，調査項目および調査方法を適切に設定し，実施するものとする．

5.2.2 調査項目
　個別検査における調査項目は，変状原因の推定，変状の予測が可能な情報が得られるよう，構造物の特性，変状の種類，周辺の状況に応じて設定するものとする．

5.2.3 調査方法
　個別検査における調査方法は，変状の実状に即したものとする．

5.3　変状原因の推定
　個別検査における変状原因の推定は，調査等の結果に基づき行うものとする．

5.4　変状の予測
　個別検査における変状の予測は，調査の結果や変状原因の推定の結果等に基づき行うものとする．

5.5　性能項目の照査
　個別検査における性能項目の照査は，必要な性能項目に対し精度のよい方法を用いて行うものとする．

5.6　健全度の判定
（1）　個別検査における健全度の判定は，変状原因の推定および変状の予測の結果，ならびに性能項目の照査に基づき総合的に行うものとする．
（2）　全般検査あるいは随時検査で健全度Aと判定された構造物の健全度は，「**2.5.6　性能の確認および健全度の判定**」に基づき，より細分化して区分することを原則とする．

6章 随時検査

6.1 一般
　随時検査は，地震や大雨等により，変状の発生もしくはそのおそれのある構造物を抽出することを目的として，必要に応じて実施するものとする．

6.2 調査項目
　随時検査における調査項目は，変状の発生が懸念される要因および構造物の特性を考慮し，変状発生の有無やその状況を適切に確認できる項目とする．

6.3 調査方法
　随時検査における調査方法は，目視を基本とする．なお，構造物の実状を考慮し，必要に応じて目視以外の方法により実施するものとする．

6.4 健全度の判定
　随時検査における健全度の判定は，通常全般検査における「**4.3.4** 健全度の判定」に準ずるものとする．

7章 措置

7.1 一般
（1） 措置の方法と時期は，構造物の健全度，重要度，列車運行への影響度等を考慮し，決定するものとする．
（2） 措置の種類は，以下に示す（a）～（d）より一つあるいは複数を組み合わせて選定するものとする．
　(a) 監視
　(b) 補修・補強
　(c) 使用制限
　(d) 改築・取替

7.2 監視
　監視は，構造物の変状の進行を把握することを目的とし，適切な方法により行うものとする．

7.3 補修・補強
　補修・補強は，構造物の性能の維持，回復あるいは向上を目的とし，検査結果および構造物の重要度，施工性，施工時期等を考慮して実施するものとする．

7.4 使用制限
　使用制限は，列車の安全な運行，旅客，公衆の安全を確保するために実施するものとする．

7.5 改築・取替

改築・取替は，必要性および時期について，十分な検討を行った上で実施するものとする．

7.6 措置後の取扱い

（1） 補修・補強等の措置を講じた場合は，健全度の見直しを行うとともに，回復した性能に応じて措置の内容を見直すことができる．
（2） 監視により変状の進行または新たな変状発生の兆候が認められる場合は，健全度の見直しを行うとともに，措置の内容を見直すものとする．
（3） 監視により変状の進行または新たな変状発生の兆候が認められない場合は，健全度の見直しを行うとともに，措置の内容を見直すことができる．

8章 記　　録

8.1 一　　般

構造物の維持管理を将来にわたり適切に行うために，検査，措置等の記録を作成し，これを保存するものとする．

8.2 記録の項目

記録の項目は，次の各項について定めるものとする．
（1） 検査
（2） 措置
（3） その他，構造物の維持管理に必要な項目

8.3 記録の保存

検査，措置等の記録は，適切な方法により保存するものとする．

付属資料2 維持管理における性能の確認に関する考え方

1. まえがき

国の技術基準である「鉄道に関する技術上の基準を定める省令」（国土交通省令第151号，平成13年12月公布）では，従来の仕様規定型から性能規定型へ改正が行われた．また，土木学会コンクリート標準示方書が性能照査型の示方書として平成14年に改訂された．このような経緯から，鉄道構造物等設計標準も性能照査型に移行しつつある．兵庫県南部地震を踏まえて平成11年に制定された「鉄道構造物等設計標準・同解説（耐震設計）」においては，設計地震動に対して所要の耐震性能を照査する性能照査型の設計体系となっている．また，平成16年に改訂された「鉄道構造物等設計標準・同解説（コンクリート構造物）」においては，構造物の要求性能を安全性，使用性，復旧性の3つに区分し，それぞれを照査する体系を導入した．

上述の技術基準の動向を考慮すると，維持管理を対象とする本標準も性能照査型の体系を導入するのが妥当と考えられる．ただし，設計では一般に構造解析等の定量的な手法により構造物の性能が照査されるのに対し，維持管理では経験に基づいて定性的に性能が確認される場合が多い．この点を考慮し，本標準においては「性能の確認」という表現を用いることとした．

2. 構造物の性能の確認方法

2.1 基本的な考え方[1]

構造物は，外力や環境の影響によって経年とともに性能が低下する．したがって，維持管理においては構造物の性能が必要な水準を満足していることを確認する必要がある．しかし，構造物に発生する変状の種類と程度は千差万別であり，それぞれの変状が構造物の性能にどのように関連しているかを把握することは容易でない．そこで，本標準では以下の手順で維持管理を行うことにより，必要なレベルの性能の確認を可能とした（**付属図2.1**参照）．

① 変状の抽出を目的として，目視を主体とした調査を行う．
② 発見された変状のうち，損傷程度の比較的大きな変状に対して，入念な目視，機器等を用いた詳細な調査を行う．
③ これらの調査結果を基に，構造物の健全度を**付属表2.1**により判定することにより，構造物が必要な性能を満たしているかどうかを確認する（「**2.5.6 性能の確認および健全度の判定**」参照）．
④ 必要な性能を満足していない，あるいは満足しないおそれがある場合等には，措置を施す．

なお，本標準でいう性能は，列車が安全に運行できるとともに，旅客，公衆の生命を脅かさないための性能（安全性）で，必要に応じて使用性や復旧性を考慮するものとしている．

2.2 全般検査における性能の確認方法

全般検査においては，主に目視による調査が行われ，健全度が判定される．一般には，変状がないか軽微であればSまたはCと判定され，性能の確認がなされる．損傷程度の比較的大きな変状がある場合には，健全度がAまたはBと判定される．健全度Aの場合には個別検査により，詳細な調査が行われ，健

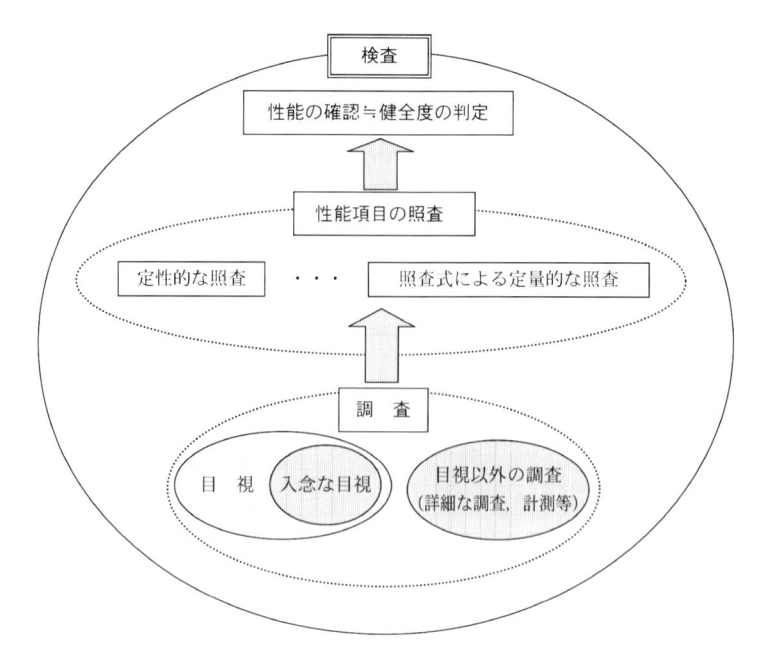

付属図 2.1 維持管理における検査の考え方

付属表 2.1 構造物の状態と標準的な健全度の判定区分

健全度		構造物の状態
A		運転保安，旅客および公衆などの安全ならびに列車の正常運行の確保を脅かす，またはそのおそれのある変状等があるもの
	AA	運転保安，旅客および公衆などの安全ならびに列車の正常運行の確保を脅かす変状等があり，緊急に措置を必要とするもの
	A1	進行している変状等があり，構造物の性能が低下しつつあるもの，または，大雨，出水，地震等により，構造物の性能を失うおそれのあるもの
	A2	変状等があり，将来それが構造物の性能を低下させるおそれのあるもの
B		将来，健全度Aになるおそれのある変状等があるもの
C		軽微な変状等があるもの
S		健全なもの

注：健全度A1とA2および健全度B，C，Sについては，各鉄道事業者の検査の実状を勘案して区分を定めてもよい．

全度Bの場合には必要に応じて監視等の措置が講じられる．

2.3 個別検査における性能の確認方法

　個別検査においても，まず詳細な目視調査が一次的になされるのが一般的である．この段階で，変状が軽微であると認められれば，健全度がCと判定され，構造物の性能の確認がなされる．これは全般検査における性能の確認方法と同じである．

　上記の一次的な目視調査においても変状程度が重大であると認められた場合や変状原因が不明な場合には，種々の試験を用いた詳細な調査を行い，その結果を踏まえて健全度を判定するのがよい．

3. まとめ

　構造物の維持管理は，構造物の要求性能を満たしているかどうかを検査により確認し，必要に応じて措置を講じるという流れに沿って実施される．本資料には全般検査等および個別検査における性能の確認方

法についてまとめた．

参 考 文 献

1) 市川篤司：鉄道土木構造物の維持管理標準 (1)，日本鉄道施設協会誌，Vol. 44, No. 3, pp. 59-61, 2006.3.

付属資料3　盛土の変状に対する健全度の判定例

項目	盛土
主な変状と予想される崩壊	●き　裂 盛土が崩壊する初期の段階において，路盤またはのり面に線状に割れ目が生じた状態．のり面に発生したものは草刈りの時に発見されることも多い． 【予想される崩壊】 ・表層崩壊 ・深いすべり崩壊 （図：雑草が繁茂，き裂，間隙水圧の上昇）
主な原因	・盛土内部の間隙水圧が上昇し，土のせん断抵抗が低下する ・支持地盤が地すべり等で盛土全体が移動する
健全度の判定例	A ※規模が大きい場合　　AA ※明らかに進行性が確認される場合　　AA ※明らかに最近発生した場合　　AA

項目	盛土
主な変状と予想される崩壊	●は ら み 本来平面的であるべきのり面が，ある範囲において膨張し，膨らんだような状態．のり面に発生したものは草刈りの時に発見されることも多い． 【予想される崩壊】 ・表層崩壊 ・深いすべり崩壊 （図：雑草が繁茂，はらみ，間隙水圧の上昇）
主な原因	・盛土内部の間隙水圧が上昇し，土のせん断抵抗が低下する ・支持地盤が地すべり等で盛土全体が移動する
健全度の判定例	A ※規模が大きい場合　　AA ※明らかに進行性が確認される場合　　AA ※明らかに最近発生した場合　　AA

付属資料3 盛土の変状に対する健全度の判定例

項目	盛土
主な変状と予想される崩壊	●沈　下 のり肩部分，あるいは施工基面全体がある長さにわたって正常な状態より低下している状態． ●す　べ　り のり面の一部あるいは全体が下方にすべっている状態．土羽またはのり表層部分がのり面下方に滑動する場合と，表層よりやや深い位置にあるすべり面に沿って滑動する場合がある． 【予想される崩壊】 ・表層崩壊 ・深いすべり崩壊 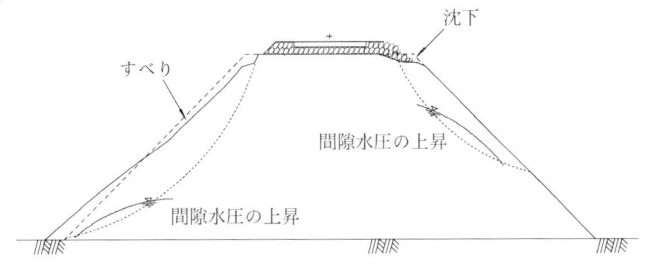
主な原因	・盛土内部の間隙水圧が上昇し，土のせん断抵抗が低下する ・地すべり等原因で支持地盤が移動することにより，盛土全体が移動する
健全度の判定例	A ※規模が大きい場合　AA ※明らかに進行性が確認される場合　AA ※明らかに最近発生した場合　AA ※沈下：明らかにすべりに伴う沈下の場合……上記参考 　　　：すべり以外の変状（やせ）の場合……「やせ」の項目参考

項目	盛土
主な変状と予想される崩壊	●陥　没 盛土内部に空洞が発生し，内部空洞の崩れが地表にまで達して，路盤やのり面に穴が空く状態． 【予想される崩壊】 ・深いすべり崩壊 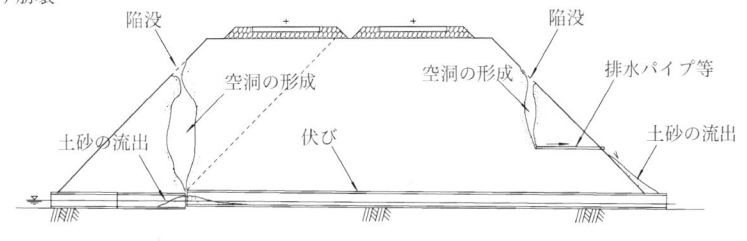
主な原因	・伏びなどの横断排水工周辺の土砂の抜け出しによる空洞の形成 ・排水パイプやのり面工等の水抜孔からの土砂の流出による空洞の形成 ・盛土の締固め不足
健全度の判定例	A ※施工基面付近に発生した場合　AA

項目	盛土
主な変状と予想される崩壊	●洗　掘 　盛土ののり尻部分が河川等の影響により侵食された状態． 【予想される崩壊】 ・表層崩壊 ・深いすべり崩壊 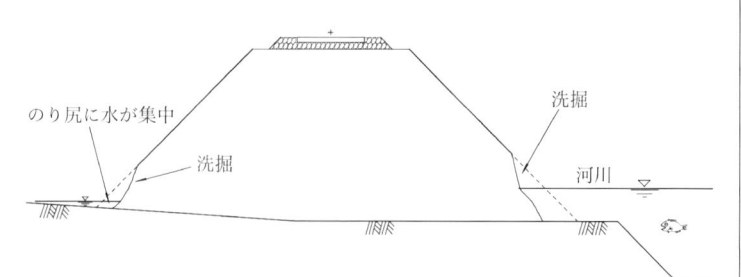 （図：のり尻に水が集中、洗掘、河川）
主な原因	・のり尻部の河川 ・のり尻に水が集中しやすい
健全度の判定例	B ※規模が大きい場合　A

項目	盛土
主な変状と予想される崩壊	●ガ　リ 　表流水が部分的に集中してのり面を流下することにより表層土が削られ水の通り道になっている状態． ●や　せ 　のり面が痩せたように変形し，正規の断面形状が確保されていないように見える状態． ●植生の不活着 　のり面の一部あるいは広い範囲に渡って植生が生えず，裸地に近い状態． 【予想される崩壊】 ・侵食崩壊 ・表層崩壊 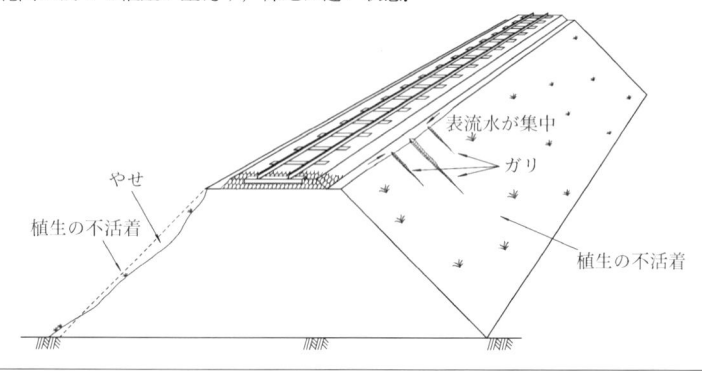 （図：やせ、植生の不活着、表流水が集中、ガリ、植生の不活着）
主な原因	・盛土表土の材料が水の侵食に弱い ・表流水が集中する ・側溝排水の漏れ，溢れ ・長期的な土羽土の流出 ・植生の活着に不向きな土羽土
健全度の判定例	B ※規模が大きい場合　A

項目	防護設備
主な変状と予想される崩壊	●のり面工の陥没，不陸，浮き，き裂，食い違い 　のり面工の一部または広い範囲において，のり表面から浮き上がったり，凹凸が生じたりしている状態． 【予想される崩壊】 ・表層崩壊 ・深いすべり崩壊
主な原因	・のり面工の裏側に水の通り道ができる ・凍上 ・のり面の変状（原因は，「き裂」，「沈下」，「陥没」参照）
健全度の判定例	B ※明らかに盛土本体の変状が原因で発生し，進行性が確認される場合　AA ※盛土の変状により発生し，規模が大きい場合　A ※進行性が確認される場合　A ※明らかに最近発生した場合　A ※軽微な変状で明らかに進行性が認められない場合　C

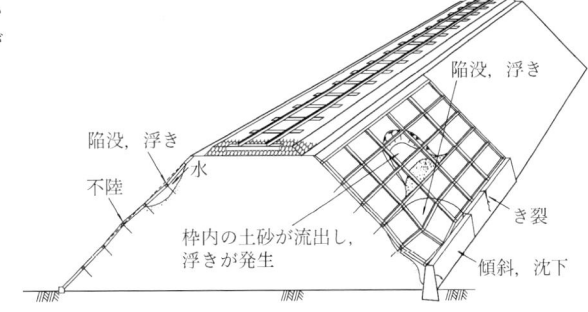

項目	防護設備
主な変状と予想される崩壊	●土留壁，石積壁の沈下，傾斜，食い違い，き裂，目地切れ 　上記に述べた変状のうち，目地切れとは石積の目地部分に開きが生じ，目地モルタルが割れている状態のことをいう．空積みの場合で目地が健全な部分より開いている状態も同じように呼ぶことがある． 【予想される崩壊】 ・表層崩壊 ・深いすべり崩壊
主な原因	・沈下は，基礎部の地盤が脆弱化して発生することが多い．河川に接している場合は，基礎下部の地盤がえぐられることが原因となる場合もある． ・傾斜，食い違いは，沈下に伴い発生する場合が多い．ただし，沈下よりも傾斜が顕著な場合は，盛土がすべることにより構造物背面から土圧を受けていることが原因の場合もある． ・き裂は，沈下，傾斜など顕著な変状が現れる前に生じていることもあり，その原因はこれらの変状と同じである． ・目地切れは，き裂の場合と同様．
健全度の判定例	B ※明らかに盛土本体の変状が原因で発生し，進行性が確認される場合　AA ※盛土の変状により発生し，規模が大きい場合　A ※進行性が確認される場合　A ※明らかに最近発生した場合　A ※軽微な変状で明らかに進行性が認められない場合　C

項目	排水設備
主な変状と予想される崩壊	●**破損，食い違い** 　プレキャストU字溝の接合部が外れたり，場所打ち排水溝の底部に穴が空いたりする状態．または，伏び等でヒューム管等の接合部が外れたり，管自体が割れたり潰れたりする状態．排水機能が正常でない状態． ●**通 水 不 良** 　排水設備に落ち葉や土砂が堆積し，排水機能が低下している状態． 【予想される崩壊】 ・侵食崩壊 ・表層崩壊 ・深いすべり崩壊 破損，食い違い／破損，食い違い　　　　　破損，食い違い／破損，食い違い 　　流水による侵食　　浸透水　放置され進行すると　侵食範囲の拡大　浸透水による部分的な崩壊 　　　　土砂堆積（通水不良）　　　　　　　土砂堆積（通水不良） 　　水　　　　　放置され進行すると　　水 　流水による侵食　　　　　　　　　侵食範囲の拡大
主な原因	・経年 ・施工不良 ・伏び管の強度不足 ・土砂の浚渫不足 ・通水容量不足
健全度の判定例	B ※排水設備の変状によりのり面に変状が現れている，あるいは変状のおそれがある場合　A ※破損等の状態および著しい通水不良の場合　A ※軽微な変状で明らかに進行性が認められない場合　C ※排水設備の落ち葉や土砂の堆積は，その後の降雨による溢水などによってのり面の安定性を著しく損なう原因となる．本来であれば常に良好な状態に保つのが基本であり，通常全般検査によってそのような箇所が確認された場合は，判定よりも先に措置することが必要である．

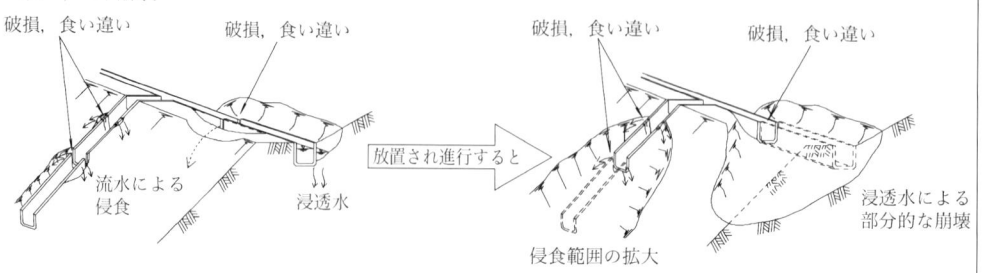

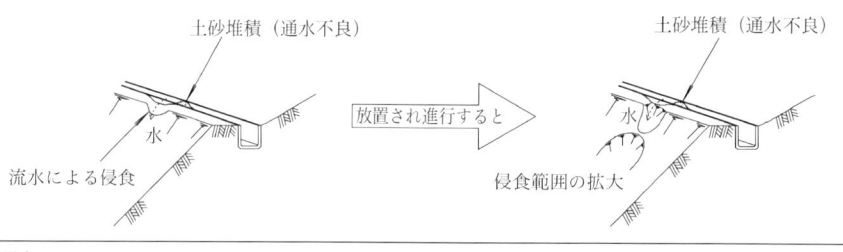

付属資料4　切土の変状に対する健全度の判定例

項目	切土
主な変状と予想される崩壊	●き裂（土砂斜面） のり肩またはのり面に線状に割れ目が生じた状態．のり面に発生したものは草刈りの時に発見されることも多い． 【予想される崩壊】 ・土砂崩壊（土砂斜面）
主な原因	・表層土内部の間隙水圧が上昇し，土のせん断抵抗が低下する ・潜在するすべり面があり，その上部層が移動する ・切土下部が抜け落ち，その上部層が移動する ・のり面が地すべり地の中あるいはその周辺にあり，地すべりの移動に伴い発生する
健全度の判定例	A ※規模が大きい場合　AA ※明らかに進行性が確認される場合　AA ※明らかに最近発生した場合　AA

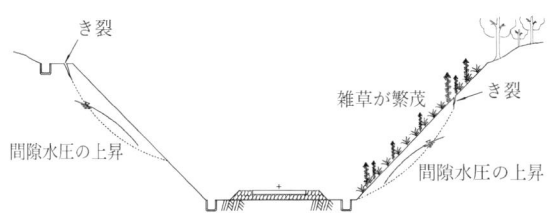

項目	切土
主な変状と予想される崩壊	●沈下（土砂斜面・岩石斜面） のり肩付近あるいはのり面内の一部が，ある長さにわたって低下している状態． ●すべり（土砂斜面・岩石斜面） のり表層部分がのり面下方に滑動する場合と表層よりも深いすべり面に沿って滑動する場合がある． 【予想される崩壊】 ・土砂崩壊（土砂斜面） ・岩盤崩壊（岩石斜面）
主な原因	・表層土内部の間隙水圧が上昇し，土のせん断抵抗が低下する ・潜在するすべり面があり，その上部層が移動する ・切土下部が抜け落ち，その上部層が移動する ・のり面が地すべり地の中あるいはその周辺にあり，地すべりの移動に伴い発生する
健全度の判定例	A ※規模が大きい場合　AA ※明らかに進行性が確認される場合　AA ※明らかに最近発生した場合　AA ※沈下：明らかにすべりに伴う沈下の場合……上記参考 　　　　すべり以外の変状（やせ）の場合……「やせ」の項目参考

項目	切土
主な変状と予想される崩壊	●ガリ（土砂斜面） 表流水が部分的に集中してのり面を流下することにより表層土が削られ水の通り道になっている状態． ●やせ（土砂斜面） のり面が痩せたように変形し，正規の断面形状が確保されていないように見える状態． ●植生の不活着（土砂斜面） のり面の一部あるいは広い範囲にわたって植生が生えず，裸地に近い状態． 【予想される崩壊】 ・侵食崩壊（土砂斜面） ・土砂崩壊（土砂斜面）
主な原因	・表土が水の侵食に弱い ・後背地から表流水が集中する ・のり肩排水溝の漏れ，溢れ ・植生の活着に不向きな条件（気象条件，地山の性質）
健全度の判定例	B ※規模が大きく，表層土が不安定になっている場合　A

項目	防護設備
主な変状と予想される崩壊	●のり面工の陥没，不陸，浮き（土砂斜面・岩石斜面） のり面工の一部または広い範囲において，のり面から浮き上がったり，凹凸が生じたりしている状態． 【予想される崩壊】 ・土砂崩壊（土砂斜面） ・岩盤崩壊（岩石斜面）
主な原因	・のり面工の裏側に水の通り道ができる ・凍上 ・切土の変状（原因は，「き裂」，「沈下」参照）
健全度の判定例	B ※明らかに切土本体の変状が原因で発生し，進行性が確認される場合　AA ※切土の変状により発生し，規模が大きい場合　A ※進行性が確認される場合　A ※明らかに最近発生した場合　A ※のり面工自体が不安定な状態になっている場合　A ※軽微な変状で明らかに進行性が認められない場合　C

付属資料4　切土の変状に対する健全度の判定例　　77

項目	防護設備
主な変状と予想される崩壊	●**のり面工のき裂（土砂斜面・岩石斜面）** 場所打ちコンクリートののり面工では，表面に長いき裂が入ることがある． 吹付けのり面工では特定の範囲に部分的なき裂が広がる場合がある． 【予想される崩壊】 ・土砂崩壊（土砂斜面） ・岩盤崩壊（岩石斜面） 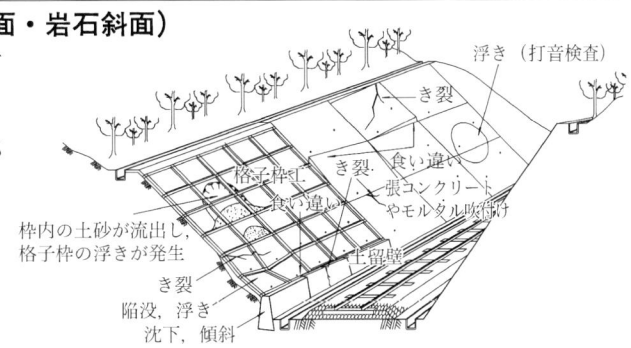
主な原因	・コンクリートの乾燥収縮 ・のり面工の裏側に水の通り道ができる ・凍上 ・切土の変状（原因は，「き裂」，「沈下」参照）
健全度の判定例	**B** ※明らかに切土本体の変状が原因で発生し，進行性が確認される場合　AA ※切土の変状により発生し，規模が大きい場合　A ※進行性が確認される場合　A ※明らかに最近発生した場合　A ※のり面工自体が不安定な状態になっている場合　A ※軽微な変状で明らかに進行性が認められない場合　C

項目	防護設備
主な変状と予想される崩壊	●**のり面工の食い違い（土砂斜面・岩石斜面）** ブロックごとに縁切して施工されるのり面工（場所打ちコンクリート等）の一部が傾斜することで，隣接ブロックとずれが生じた状態． 【予想される崩壊】 ・土砂崩壊（土砂斜面） ・岩盤崩壊（岩石斜面） 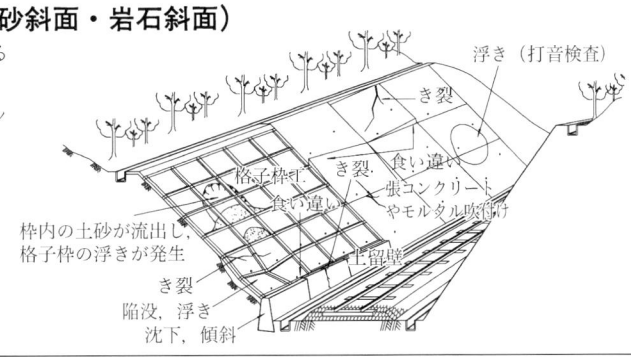
主な原因	・のり面工の裏側に水の通り道ができる ・凍上 ・背面からの土圧，水圧 ・切土の変状（原因は，「き裂」，「沈下」参照）
健全度の判定例	**B** ※明らかに切土本体の変状が原因で発生し，進行性が確認される場合　AA ※切土の変状により発生し，規模が大きい場合　A ※進行性が確認される場合　A ※明らかに最近発生した場合　A ※のり面工自体が不安定な状態になっている場合　A ※軽微な変状で明らかに進行性が認められない場合　C

項目	防護設備
主な変状と予想される崩壊	●土留壁，石積壁の沈下，傾斜，食い違い，き裂，目地切れ 　上記に述べた変状のうち，目地切れとは石積の目地部分に開きが生じ，目地モルタルが割れている状態のことをいう．空積みの場合で目地が健全な部分より開いている状態も同じように呼ぶことがある． 【予想される崩壊】 ・土砂崩壊（土砂斜面） ・岩盤崩壊（岩石斜面） 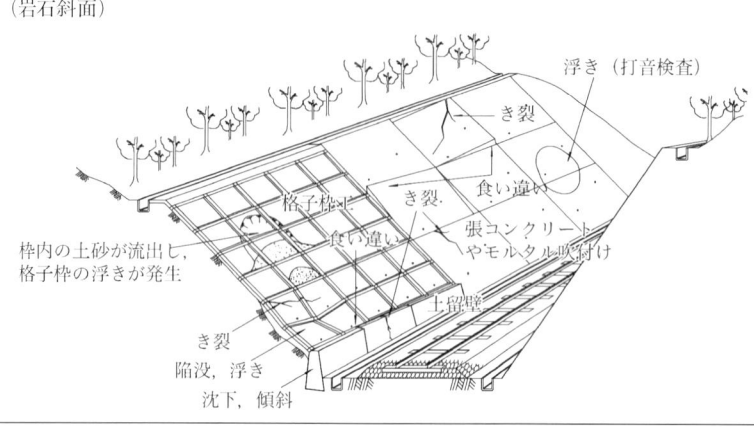 （図：浮き（打音検査），き裂，食い違い，張コンクリートやモルタル吹付け，土留壁，枠内の土砂が流出し，格子枠の浮きが発生，き裂，陥没・浮き，沈下・傾斜）
主な原因	・沈下は，基礎部の地盤が脆弱化して発生することが多い． ・傾斜，食い違いは，沈下に伴い発生する場合が多い．ただし，沈下よりも傾斜が顕著な場合は，切土の表層土あるいは全体がすべることにより構造物背面から土圧を受けていることが原因の場合もある． ・き裂は，沈下，傾斜など顕著な変状が現れる前に生じることもあり，その原因はこれらの変状と同じである． ・目地切れは，き裂の場合と同様．
健全度の判定例	B ※明らかに切土本体の変状が原因で発生し，進行性が確認される場合　AA ※切土の変状により発生し，規模が大きい場合　A ※進行性が確認される場合　A ※明らかに最近発生した場合　A ※土留壁自体が不安定な状態になっている場合　A ※軽微な変状で明らかに進行性が認められない場合　C

項目	排水設備
主な変状と予想される崩壊	●**破損，食い違い（土砂斜面・岩石斜面）** プレキャストU字溝の接合部が外れたり，場所打ち排水溝の底部に穴が空いたりする状態． ●**通水不良（土砂斜面・岩石斜面）** 排水工に落ち葉や土砂が堆積し，排水機能が低下している状態． 【予想される崩壊】 ・土砂崩壊（土砂斜面） ・岩盤崩壊（岩石斜面） 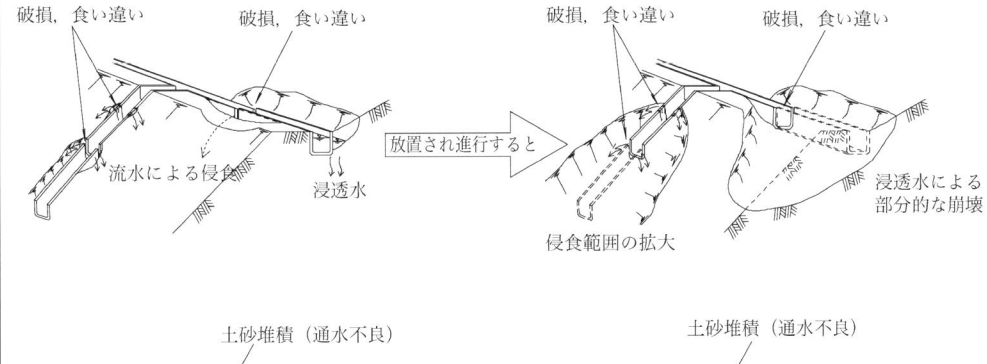 （図：破損，食い違い／流水による侵食／浸透水 → 放置され進行すると → 侵食範囲の拡大／浸透水による部分的な崩壊） （図：土砂堆積（通水不良）／流水による侵食 → 放置され進行すると → 侵食範囲の拡大）
主な原因	・経年 ・施工不良 ・土砂の浚渫不足 ・通水容量不足
健全度の判定例	B ※排水設備の変状によりのり面に変状が現れている，あるいは変状のおそれがある場合　A ※破損等の状態および著しい通水不良の場合　A ※軽微な変状で明らかに進行性が認められない場合　C ※排水設備の落ち葉や土砂の堆積は，その後の降雨による溢水などによってのり面の安定性を著しく損なう原因となる．本来であれば常に良好な状態に保つのが基本であり，通常全般検査によってそのような箇所が確認された場合は，判定よりも先に措置することが必要である．

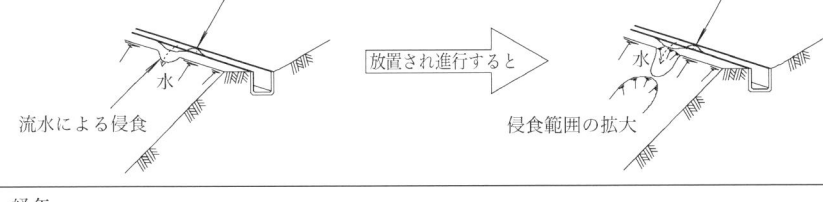

付属資料5　盛土の不安定性に対する健全度の判定例

項目	立地条件・周辺環境

主な不安定要因と予想される崩壊や変状

●片切片盛
・切土側からの水が盛土に流入しやすい．
・切土と盛土の境界部がすべり面となりやすい．
【予想される崩壊や変状】
・侵食崩壊
・切土と盛土の境界部がすべり面となる崩壊

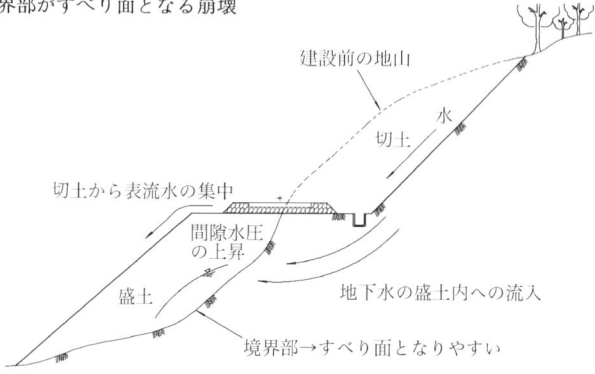

建設前の地山
切土
水
切土から表流水の集中
間隙水圧の上昇
盛土
地下水の盛土内への流入
境界部→すべり面となりやすい

健全度判定の考え方	健全度の判定例
盛土のり面あるいはのり尻部がいつも湿潤状態である．	A
盛土のり面あるいはのり尻から湧水が見られる．	A
切土側からの水が盛土に流入する，またはその形跡が認められる．	A
上記3点の現象が見られない．	B
盛土の防護設備（のり面防護工，排水パイプ等）が施工されている．	C

項目	立地条件・周辺環境

主な不安定要因と予想される崩壊や変状

●切盛境界

- 切土部からの水が盛土に流入しやすい。
- 施工基面上を流れる水（表面水）が，切盛境界部で盛土に集中して流下する。

【予想される崩壊や変状】
- 侵食崩壊
- 表層崩壊
- 深いすべり崩壊

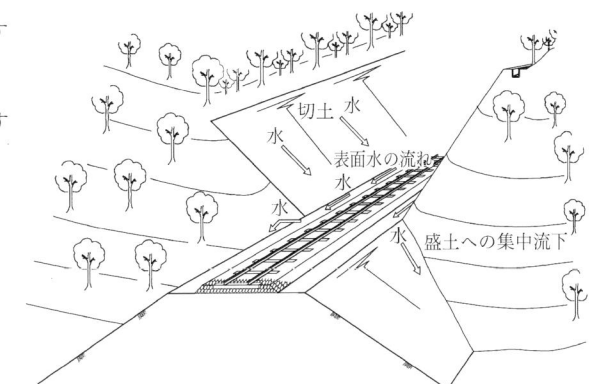

健全度判定の考え方	健全度の判定例
盛土のり面あるいはのり尻がいつも湿潤状態である．	A
盛土のり面あるいはのり尻から湧水が見られる．	A
盛土のり面に水が集中して流下したような跡が見られる．	A
上記3点の現象が見られない．	B
流入水に対する水処理（切盛境界部の横断排水等）が施工されていて，上記3点の現象が見られない．	C
盛土の防護設備（のり面防護工，排水パイプ等）が施工されている．	C

項目	立地条件・周辺環境

主な不安定要因と予想される崩壊や変状

●腹付盛土

- 既設盛土と腹付盛土の境界部分が弱点となる場合がある．
- 腹付盛土部が沈下することにより，既設盛土との境界部付近の横断排水工に食い違いが生じる場合がある．

【予想される崩壊や変状】
- 既設盛土との境界部からのすべり崩壊
- 既設盛土との不等沈下
- 横断排水工の食い違いによって起こる陥没，沈下

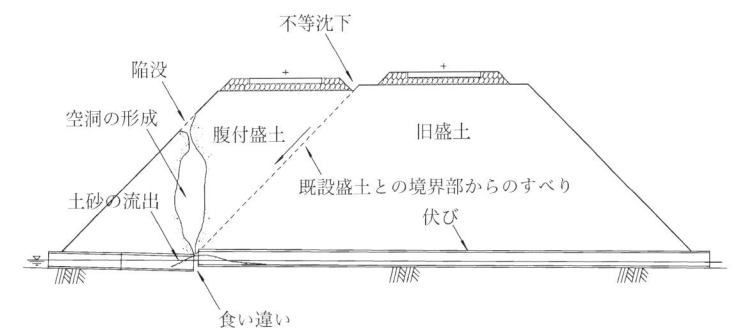

健全度判定の考え方	健全度の判定例
既設盛土と腹付盛土の間に不等沈下が確認できる．	A
横断排水工またはその周辺に変状が見られる．	A
上記2点の現象が見られない．	B
腹付盛土に防護設備（のり面防護工，排水パイプ等）が施工されている．	C

項目	立地条件・周辺環境

●落込勾配点

- 施工基面上を流れる水（表面水）が，勾配が落ち込む部分で盛土に集中して流下する．
- 水が集中しやすいために，降雨後も他の部分より盛土内水位が高い場合がある．

【予想される崩壊や変状】
- 侵食崩壊
- 表層崩壊
- 深いすべり崩壊

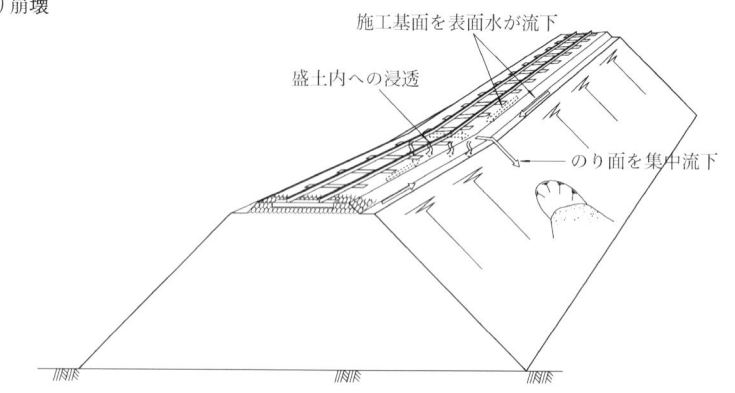

（主な不安定要因と予想される崩壊や変状）

図中注記：
- 施工基面を表面水が流下
- 盛土内への浸透
- のり面を集中流下

健全度判定の考え方	健全度の判定例
盛土のり面あるいはのり尻がいつも湿潤状態である．	A
盛土のり面あるいはのり尻から湧水が見られる．	A
盛土のり面に水が集中して流下したような跡が見られる．	A
上記3点の現象が見られない．	B
流入水に対する水処理が施工されていて，上記3点の現象が見られない．	C
盛土の防護設備（のり面防護工，排水パイプ等）が施工されている．	C

項目	立地条件・周辺環境

●谷渡り盛土

- 盛土支持地盤が傾斜している場合が多く，支持地盤と盛土境界部が弱点となりやすい．
- 沢からの水が盛土に浸透しやすいために，一般の盛土に比べて盛土内の地下水位が高い場合がある．
- 沢が増水した時に上流側ののり尻部が沢水の攻撃部となりやすい．
- 下流側への通水能力が不十分な場合，上流側が湛水する．
- 谷渡り盛土の起終点方は切土あるいは切盛境界が多く，起終点方からの水が集中しやすい．

【予想される崩壊や変状】
- 上流側がダムアップすることによる崩壊（支持地盤と盛土境界部からの崩壊）
- のり尻の洗掘（上流側）
- 表層崩壊

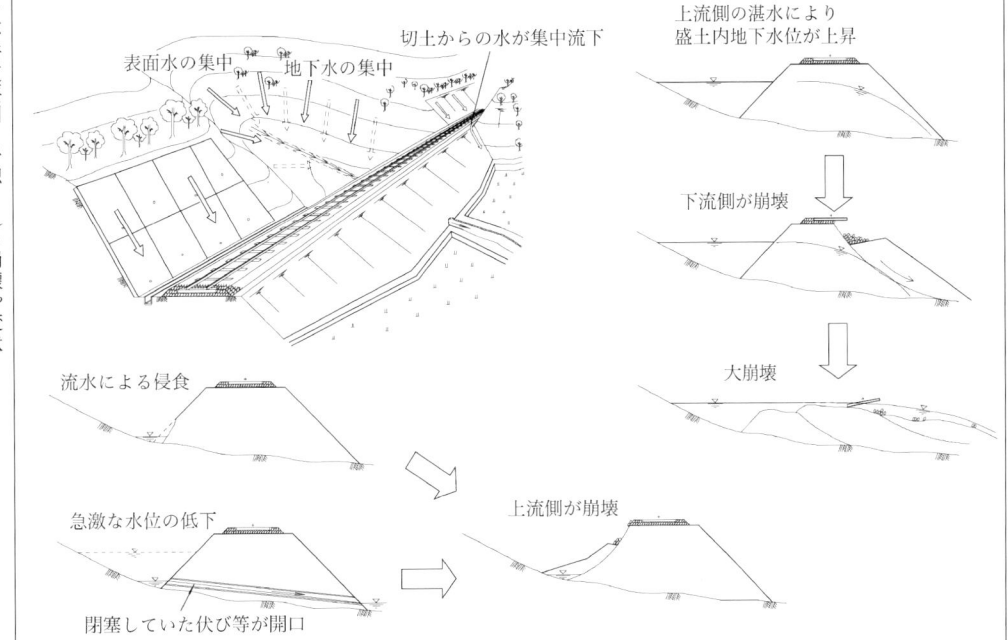

健全度判定の考え方	健全度の判定例
盛土のり面あるいはのり尻がいつも湿潤状態である．	A
盛土のり面あるいはのり尻から湧水が見られる．	A
過去に盛土の上流側で湛水したことがある，あるいはその形跡が見られる．	A
沢の水を横断させる排水設備が閉塞している．	A
上記4点の現象が見られない．	B
沢からの水や起終点方からの流入水の処理が施工されていて，上記4点の現象が見られない．	C
盛土の防護設備（のり面防護工，排水パイプ等）が施工されている．	C

項目	立地条件・周辺環境

●傾斜地盤上の盛土

- 支持地盤と盛土境界部が弱点となりやすい．
- 盛土下の地盤から湧水が見られる場合は，盛土内の地下水位を上昇させる場合がある．

【予想される崩壊や変状】
- 支持地盤と盛土境界部からの崩壊
- のり尻部の局所的な侵食

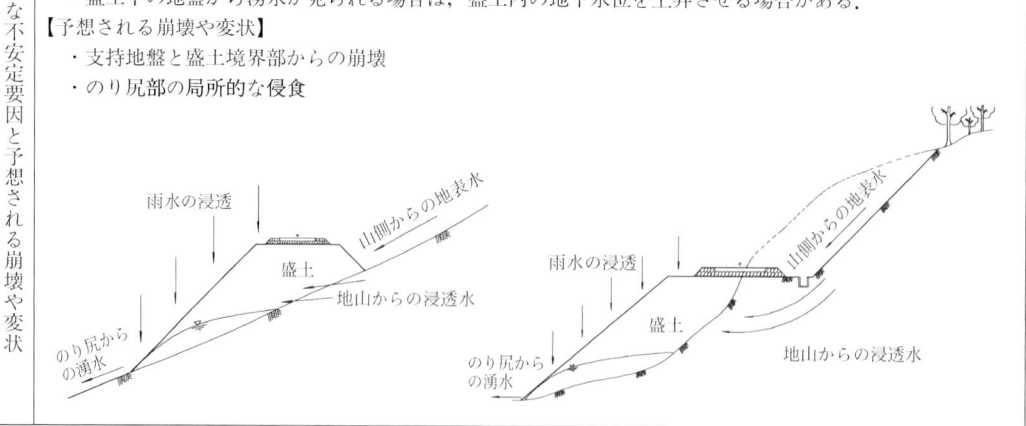

主な不安定要因と予想される崩壊や変状

健全度判定の考え方	健全度の判定例
盛土のり面がいつも湿潤状態である．	A
盛土のり面，のり尻から湧水が見られる．	A
山側の凹地がいつも湿潤状態である，あるいは湛水した跡が見られる．	A
上記3点の現象が見られない．	B
盛土の防護設備（のり面防護工，排水パイプ等）が施工されている．	C

項目	立地条件・周辺環境

●軟弱地盤，不安定地盤（崖錐，地すべり地等）の盛土

- 支持地盤が不安定であるために，盛土に変状が現れる場合がある．特に軟弱地盤の場合は，盛土と他の構造物との間に不等沈下を生じることがある．

【予想される崩壊や変状】
- 支持地盤を含む崩壊，変状
- 他の構造物との間の不等沈下

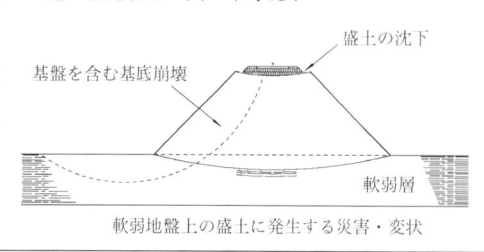

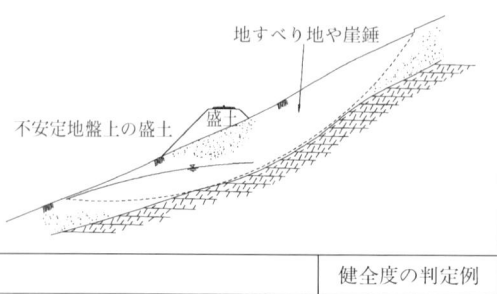

主な不安定要因と予想される崩壊や変状

健全度判定の考え方	健全度の判定例
盛土本体に沈下等の変状があり，その変状に進行性が見られる場合や軌道変位が頻繁に発生する場合	A
その他	B

項目	立地条件・周辺環境

主な不安定要因と予想される崩壊や変状

●橋台裏やカルバート等との接合部

- 線路方向の流水が橋台裏やカルバート等にせき止められることによって，盛土との接合部で集中的に流下しやすい．特に，橋台裏やカルバート等と盛土部との不等沈下が生じている場合はこれが著しい．

【予想される崩壊や変状】
- 侵食崩壊
- 表層崩壊

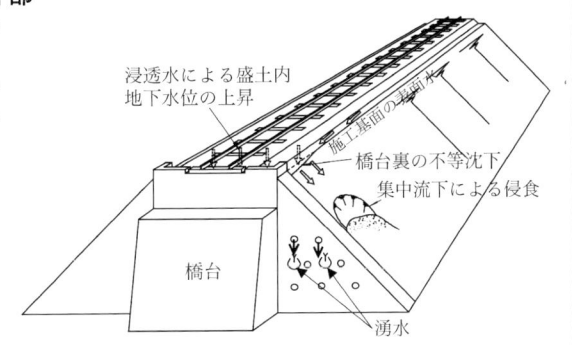

健全度判定の考え方	健全度の判定例
盛土のり面がいつも湿潤状態である．	A
盛土のり面から湧水が見られる．	A
盛土のり面に水が集中して流下したような跡や侵食跡が見られる．	A
橋台ウイングやカルバートの水抜孔から湧水が見られる．	A
上記4点の現象が見られない．	B
流水に対する水処理が施工されていて，上記4点の現象が見られない．	C
盛土の防護設備（のり面防護工，排水パイプ等）が施工されている．	C

項目	立地条件・周辺環境

主な不安定要因と予想される崩壊や変状

●環境の変化（伐採）

- 上部斜面で樹木が伐採されることにより，盛土構造が片切片盛である場合や谷渡り盛土の場合，上部斜面からの表面水の水量が急激に増加することがある．
- 水環境の変化により，これまでにない水の集中箇所が発生する場合がある．

【予想される崩壊や変状】
- これまでに崩壊が発生しない程度の雨量での崩壊

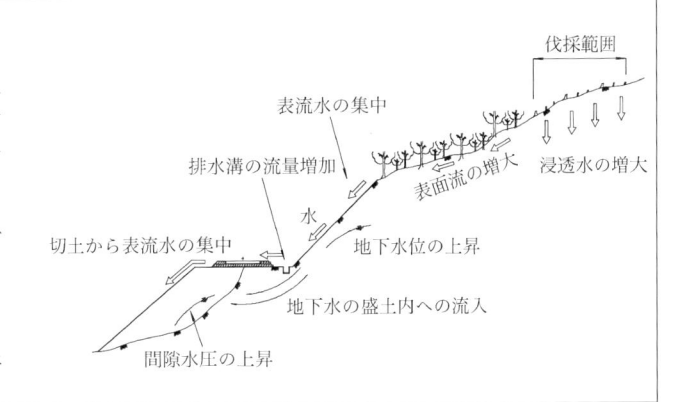

健全度判定の考え方	健全度の判定例
排水設備を流れる水の流量が変化している．	A
路盤面や盛土のり面に流水跡が見られる．	A
盛土のり面から湧水が見られる．	A
盛土のり面がいつも湿潤状態である．	A
上記4点の現象が見られない．	B
流入水に対する水処理が施工されていて，上記4点の現象が見られない．	C
盛土の防護設備（のり面防護工，排水パイプ等）が施工されている．	C

項目	立地条件・周辺環境

主な不安定要因と予想される崩壊や変状

●環境変化（道路や宅地等の開発）

- 盛土近接で道路や宅地等の開発が行われると、水環境が変化することにより、これまでにない水の集中箇所が発生する場合がある．

【予想される崩壊や変状】
- これまでに崩壊が発生しない程度の雨量での崩壊

図中ラベル：道路新設/豪雨時に水路になる、伐採、表流水の集中、浸透水の増大、排水溝の溢流、表面流の増大、切土から表流水の集中、地下水位の上昇、地下水の盛土内への流入、間隙水圧の上昇

排水設備を流れる水の流量が変化している．	A
路盤面や盛土のり面に流水跡が見られる．	A
盛土のり面から湧水が見られる．	A
盛土のり面がいつも湿潤状態である．	A
上記4点の現象が見られない．	B
流入水に対する水処理が施工されていて，上記4点の現象が見られない．	C
盛土の防護設備（のり面防護工，排水パイプ等）が施工されている．	C

項目	盛土・排水設備・付帯設備

主な不安定要因と予想される崩壊や変状

●のり面が常に湿潤，のり面から湧水がある

- のり面が常に湿潤である，あるいはのり面から湧水が見られる場合は，盛土内部に水が保持されている証拠である．したがって，少量の降雨でも崩壊が発生する場合がある．

【予想される崩壊や変状】
- 表層崩壊
- 深いすべり破壊

図中ラベル：通常時、雨水の浸透、地山からの浸透水、のり先から湧水がある場合が多い、湧水が止まると盛土内地下水位が上昇し崩壊のおそれがある、湧水量が増加するとパイピングが発生、湧水、地山からの浸透水

健全度判定の考え方	健全度の判定例
のり面が常に湿潤である，あるいはのり面から湧水がある．	A
盛土の防護設備（のり面防護工，排水パイプ等）が施工されている．	C

付属資料5　盛土の不安定性に対する健全度の判定例　　87

項目	盛土・排水設備・付帯設備

主な不安定要因と予想される崩壊や変状

●発生バラストの散布
・のり面に発生バラストが堆積していると，のり勾配が急となりのり面が不安定となる．
・植生が枯死するなど，のり表面の荒廃が進み，表面侵食に対する抵抗が弱まる．

【予想される崩壊や変状】
・堆積したバラストの流出
・表層崩壊
・侵食崩壊

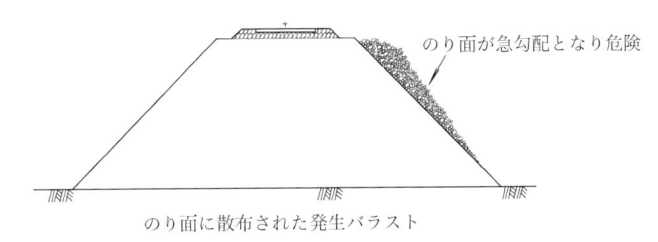

のり面が急勾配となり危険
のり面に散布された発生バラスト

健全度判定の考え方	健全度の判定例
のり面にバラストが厚く堆積し，不安定な状態（のり面に堆積したバラスト上を歩くと足を取られるなど）となっている．	A
もともとののり面勾配より急になっている．	B
その他	C

項目	盛土・排水設備・付帯設備

主な不安定要因と予想される崩壊や変状

●排水設備の容量不足
・排水設備は雨水を集中させるものであるため，この容量が不足していると，盛土に集中して雨水が流下，流入することになる．

【予想される崩壊や変状】
・侵食崩壊
・深いすべり破壊

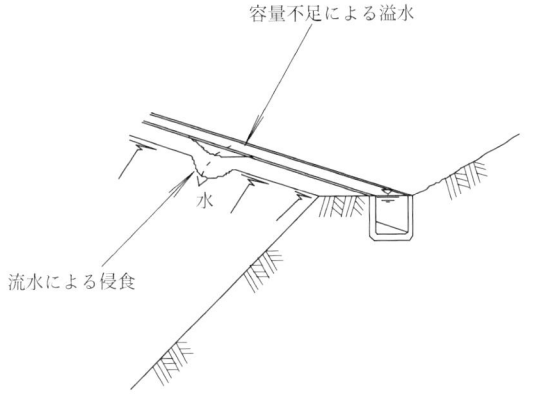

容量不足による溢水
水
流水による侵食

健全度判定の考え方	健全度の判定例
落ち葉や土砂の堆積等による通水阻害がないにもかかわらず，何度も溢水した跡が見られる．	A

項目	盛土・排水設備・付帯設備

●排水パイプ等から土砂が流出

- 排水パイプやのり面防護工の水抜き孔から水とともに土砂が流出すると，盛土本体に徐々に空隙を生じ，やがて路盤やのり面の陥没等の原因となる．

【予想される崩壊や変状】
- 路盤陥没
- のり面防護工の変状

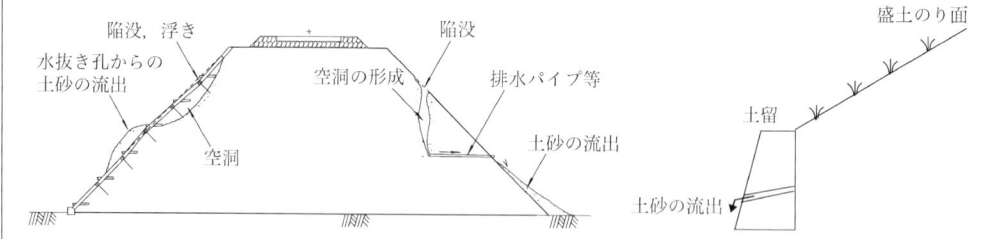

健全度判定の考え方	健全度の判定例
盛土本体に空洞が確認される．	A
排水パイプや水抜き孔から水と一緒に土砂が流出している．	B

項目	盛土・排水設備・付帯設備

●付帯設備の周辺から盛土のり面への雨水の流入，流下

- 電柱基礎等の埋め戻し部分の締固めが不十分の場合，その部分に雨水が集中し盛土内に流下する場合がある．
- トラフ等が不完全な排水路となり，思いがけない流路を形成することがある．

【予想される崩壊や変状】
- 侵食崩壊
- 表層崩壊
- 深いすべり破壊

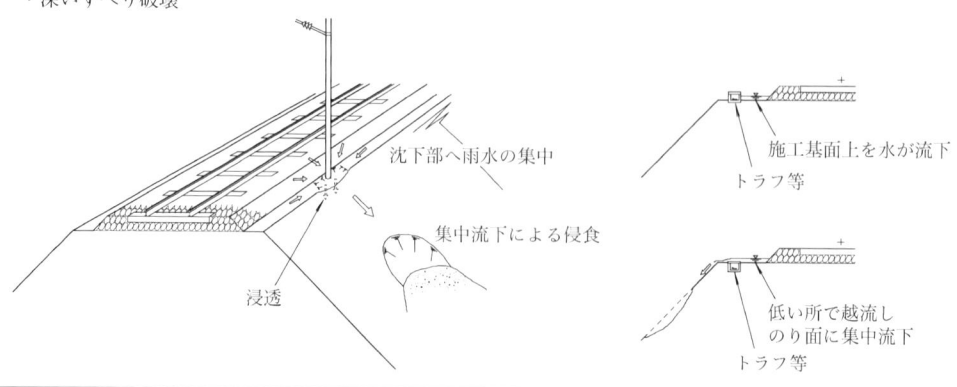

健全度判定の考え方	健全度の判定例
付帯設備の周辺から盛土のり面への雨水の流入，流下がある，あるいはその痕跡が認められる場合．	A
付帯設備周辺が沈下している．	B

上記までに示すような不安定要因がない場合．	S

付属資料6　切土の不安定性に対する健全度の判定例

項目	立地条件・周辺環境
主な不安定要因と予想される崩壊や変状	●地すべり地（土砂斜面・岩石斜面） ・古くから地すべり地としてその滑動が見られる箇所では，その運動量によっては列車の運転に多大な影響を及ぼす． ・特に地すべり地の末端部を切り取った箇所では，これによって今まで停止していた地すべりの滑動が再発するおそれがあるため，特に注意が必要． 【予想される崩壊や変状】 ・土砂崩壊（土砂斜面） ・岩盤崩壊（岩石斜面） ・落石 （図：き裂や段差、側溝や土留壁等の構造物の変状、軌道変位）

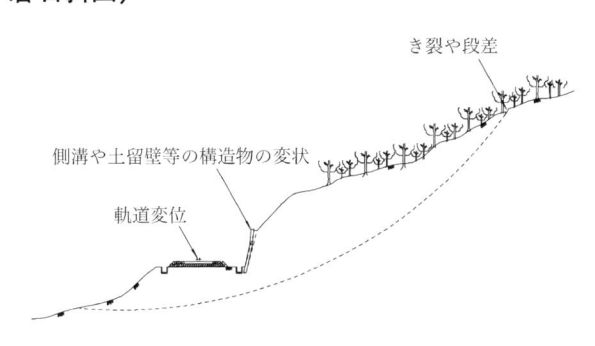

健全度判定の考え方	健全度の判定例
地すべりの影響により，切土のり面や防護工，排水工など付帯構造物に変状（き裂等）や軌道変位が見られる場合．	A （特に進行性が認められるものはAA）
斜面上部において地すべりの進行性が認められるが，切土のり面や防護工，排水溝など付帯構造物に変状等が見られない場合．	A
現在は特に進行性は見られないものの過去に地すべりの滑動が見られ，地すべり対策が施工されていない場合．	B
地すべり対策が施工されている場合．	C

項目	立地条件・周辺環境

主な不安定要因と予想される崩壊や変状

●扇状地・段丘の末端部（土砂斜面）

- 扇状地では末端部で伏流水が流出する場合が多い．その伏流水が切土のり面に集中する可能性がある．
- 段丘末端部で非常に透水性がよい段丘礫層からの湧水が流出する．その湧水が切土のり面に集中する可能性がある．

【予想される崩壊や変状】
- 土砂崩壊（土砂斜面）
- 含礫堆積物からの落石（土砂斜面）

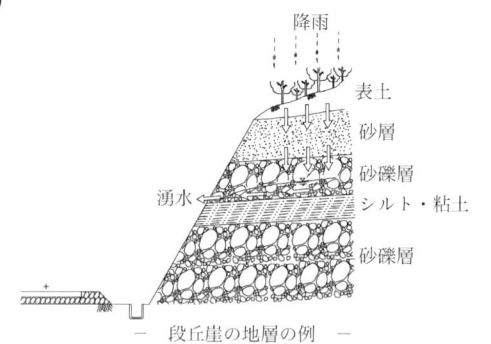

― 段丘崖の地層の例 ―
段丘面から浸透した水がシルト層上の砂礫層を流下して段丘崖で湧水として浸出する

健全度判定の考え方	健全度の判定例
のり面あるいはのり尻からの湧水があり，その湧水に濁り，または湧水量に変化が見られる．	A
湿潤状態ではなかったのり面あるいはのり尻がいつも湿潤状態となる．	A
上記2点の現象が見られない．	B
防護工（のり面工，排水パイプ等）が施工されている．	C

項目	立地条件・周辺環境

主な不安定要因と予想される崩壊や変状

●過去に多くの災害歴がある，あるいは崩壊跡地が存在（土砂斜面・岩石斜面）

- 過去に多くの災害歴があり，その災害に対する対策工が施工されていない場合は，同様の災害が発生することがある．
- 崩壊跡地が見られる場合は，当該のり面も不安定であることが多い．
- 小規模な崩壊の多発は，大規模な崩壊の前兆である場合がある．
- 過去に落石災害が発生した箇所は，落石危険箇所である場合が多い．

【予想される崩壊や変状】
- 過去に付近で発生した災害と同様の災害．
- 大規模なすべり崩壊．

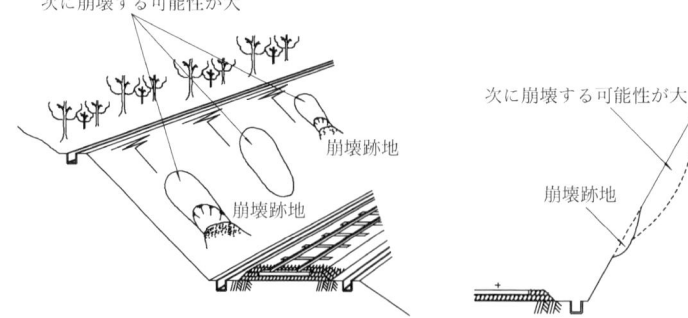

健全度判定の考え方	健全度の判定例
過去に崩壊歴があるが，対策工が施工されていない．	A
不安定な転石や浮き石が存在する．	A
のり面内に凹凸が見られる．	B
防護工が施工されている．	C

項目	立地条件・周辺環境

主な不安定要因と予想される崩壊や変状

●**背後に集水地形等が存在（土砂斜面）**
・切土上部に水の集まりやすい地形があると，大雨時に切土の一部に水が集中する．
・水田，畑などの耕作地は水を保水する機能があるので，耕作地の下にある切土は湿潤状態になりやすい環境にある．
・大雨時には水田等の用水路が溢れ，のり面に表流水が直接集中流下するおそれがある．
・切土上部の湿地は，過去にすべりが生じた際の陥没地である場合もある．このような箇所は，元々不安定な地形の一部となっていることもある．

【予想される崩壊や変状】
・土砂崩壊
・落石

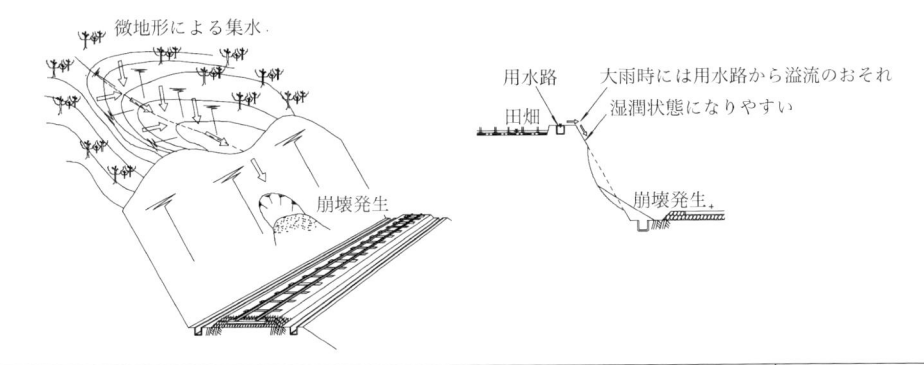

健全度判定の考え方	健全度の判定例
のり面に水が集中して流下したような跡が見られる．	A
のり面あるいはのり尻からの湧水があり，その湧水に濁り，または湧水量に変化が見られる．	A
湿潤状態ではなかったのり面あるいはのり尻がいつも湿潤状態となる．	A
上記3点の現象が見られない．	B
防護工（のり面工，排水工等）が施工されている．	C

項目	立地条件・周辺環境

●環境の変化（伐採）（土砂斜面・岩石斜面）

主な不安定要因と予想される崩壊や変状

- 上部斜面で広範囲に樹木が伐採されると，のり面に流れる表面水量が急激に増加することがある．さらに，樹木が涵養していた雨水が直接浸透し，切土の地下水位が上昇することがある．
- 水環境の変化により，既設の排水溝が溢れたり，これまでにない水の集中箇所が発生したりするおそれがある．

【予想される崩壊や変状】
- これまでに崩壊が発生しない程度の雨量での崩壊
- 土砂崩壊（土砂斜面）
- 岩盤崩壊（岩石斜面）
- 落石

図中ラベル：伐採範囲／表流水の集中／排水溝の流量増加／表面流の増大／浸透水の増大／切土から表流水の集中／水／地下水位の上昇／地下水の盛土内への流入／間隙水圧の上昇

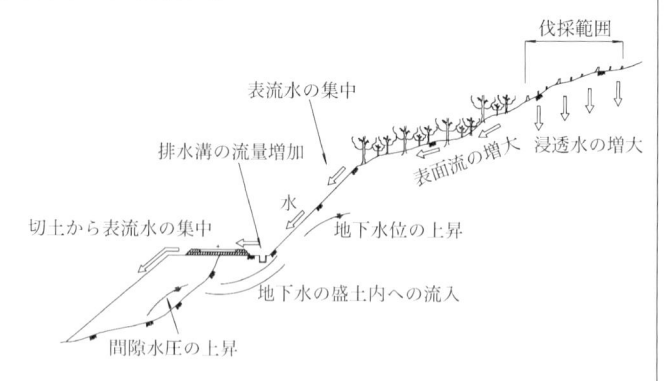

排水設備を流れる水の流量が変化している．	A
のり面に流水跡が見られる．	A
のり面あるいはのり尻からの湧水があり，その湧水に濁り，または湧水量に変化が見られる．	A
湿潤状態ではなかったのり面あるいはのり尻がいつも湿潤状態となる．	A
上記4点の現象が見られない．	B
防護工（のり面工，排水設備，水抜きパイプ等）が施工されている．	C

項目	立地条件・周辺環境

●環境の変化（宅地等の開発）（土砂斜面・岩石斜面）

主な不安定要因と予想される崩壊や変状

- 切土近郊で道路や宅地等の開発が行われると，水環境が変化することにより，これまでにない水の集中箇所が発生する場合がある．

【予想される崩壊や変状】
- これまでに崩壊が発生しない程度の雨量での崩壊
- 土砂崩壊（土砂斜面）
- 岩盤崩壊（岩石斜面）
- 落石

図中ラベル：流末処理が不十分／表流水の集中／宅地開発等／排水溝の溢流／豪雨時の表面水の流れ／水／地下水位の上昇

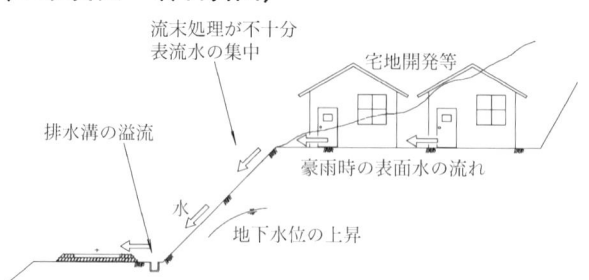

健全度判定の考え方	健全度の判定例
排水設備を流れる水の流量が変化している．	A
のり面に流水跡が見られる．	A
のり面あるいはのり尻からの湧水があり，その湧水に濁り，または湧水量に変化が見られる．	A
湿潤状態ではなかったのり面あるいはのり尻がいつも湿潤状態となる．	A
上記4点の現象が見られない．	B
防護工（のり面工，排水設備，水抜きパイプ等）が施工されている．	C

項目	切土・排水設備・付帯設備

主な不安定要因と予想される崩壊や変状

●極端に透水性が異なる層の存在（土砂斜面）
・地下水が不透水層によって遮断されると，上層の地下水位が上昇し，安定性が低下する．
・地下水が透水層に沿って集中流下すると，地表への流出箇所が侵食され，安定性が低下する．

【予想される崩壊や変状】
・土砂崩壊（土砂斜面）

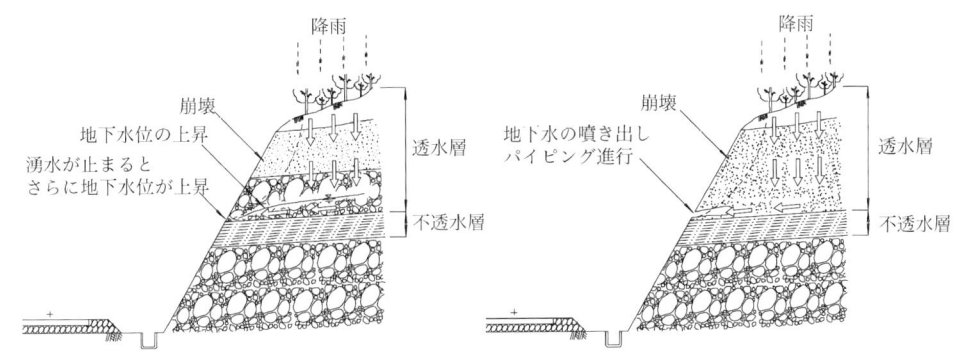

のり面あるいはのり尻からの湧水があり，その湧水に濁り，または湧水量に変化が見られる．	A
湿潤状態ではなかったのり面あるいはのり尻がいつも湿潤状態となる．	A
上記2点の現象が見られない．	B
防護工（のり面工，排水パイプ工等）が施工されている．	C

項目	切土・排水設備・付帯設備

主な不安定要因と予想される崩壊や変状

●のり面からの湧水（土砂斜面・岩石斜面）
・湧水量が増加するとパイピングが発生し，崩壊のきっかけとなる場合がある．
・湧水が止まったり濁ったりした場合は崩壊の危険性が高まる．

【予想される崩壊や変状】
・土砂崩壊（土砂斜面）
・岩盤崩壊（岩石斜面）

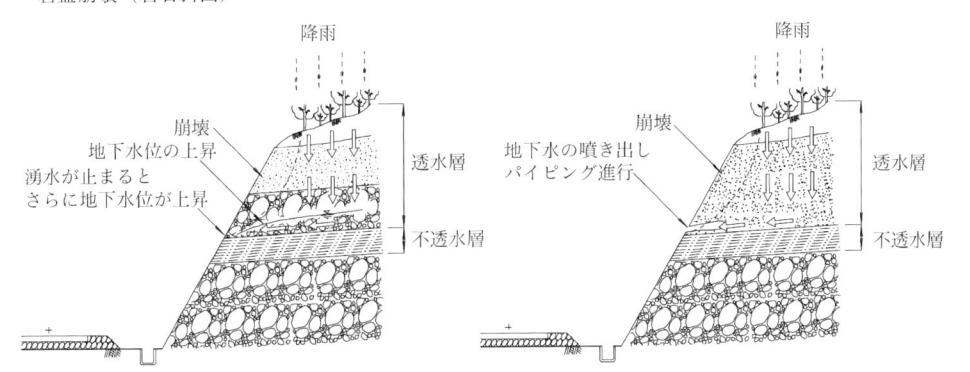

健全度判定の考え方	健全度の判定例
湧水に濁り，または湧水量に変化が見られる．	A
湿潤状態ではなかったのり面あるいはのり尻がいつも湿潤状態となる．	A
上記2点の現象が見られない．	B
防護工（のり面工，排水パイプ工等）が施工されている．	C

項目	切土・排水設備・付帯設備

●表層土の分布が不均一（土砂斜面・岩石斜面）

・表層土の分布が不均一となる原因としては，①表層土のすべりや崩壊が発達したため，②基盤の違いにより表層の風化進行程度が異なるため，が考えられる．

【予想される崩壊や変状】
・土砂崩壊（土砂斜面）
・岩盤崩壊（岩石斜面）

主な不安定要因と予想される崩壊や変状

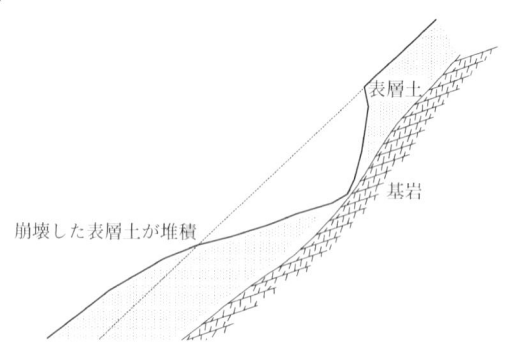

（図：表層土、基岩、崩壊した表層土が堆積）

表層土の分布が不均一となっている．	B
防護工が施工されている．	C

項目	切土・排水設備・付帯設備

●伐採木の腐った根の存在（土砂斜面）

・伐採木の腐った根は，①腐植土となりのり面の弱点層になりやすい，②空洞となり潜在すべり面を形成するきっかけとなる，などのおそれがある．

【予想される崩壊や変状】
・土砂崩壊（土砂斜面）

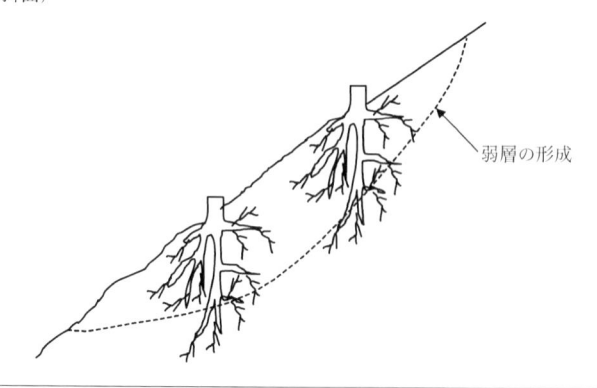

（図：弱層の形成）

健全度判定の考え方	健全度の判定例
伐採木の腐った根周辺の地盤に空洞が見られる．	A
伐採木の腐った根周辺の地盤が軟らかい層となっている．	A
その他．	B

付属資料6　切土の不安定性に対する健全度の判定例　95

項目	切土・排水設備・付帯設備

●オーバーハング部の存在（土砂斜面・岩石斜面）

- オーバーハング部分は不安定な状態である場合が多い．
- 特に初期の段階では割れ目は発生しないが，侵食の程度によって徐々に垂直の割れ目が発達し，やがてこの面を境界として崩壊が発生することがある．

【予想される崩壊や変状】
- 土砂崩壊（土砂斜面）
- 岩盤崩壊（岩石斜面）
- 落石

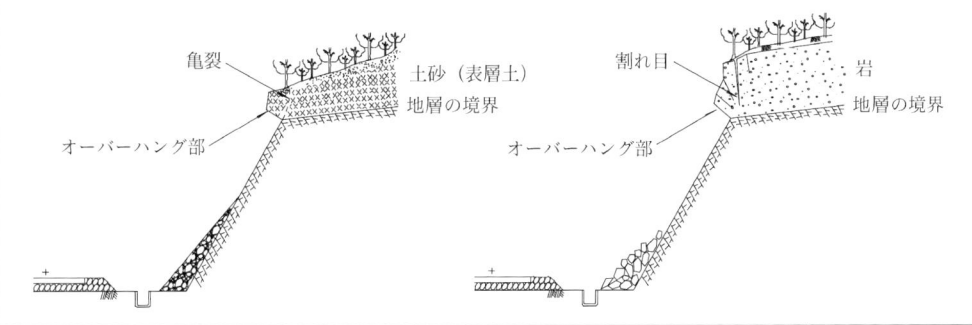

（主な不安定要因と予想される崩壊や変状）

健全度判定の考え方	健全度の判定例
土砂斜面においてオーバーハング部が存在する．	A
岩石斜面においてオーバーハング部が不安定化している．	A
岩石斜面においてオーバーハング部が不安定化していない．	B
有効な対策工が施工されている場合．	C

項目	切土・排水設備・付帯設備

●不安定な転石・浮き石の存在（土砂斜面・岩石斜面）

- 割れ目の発達した岩石斜面や崖錐，段丘砂礫，岩塊を含む火山性の堆積物等からなる斜面では，風化や侵食が進行すると浮き石や転石が生じやすい．

【予想される崩壊や変状】
- 落石

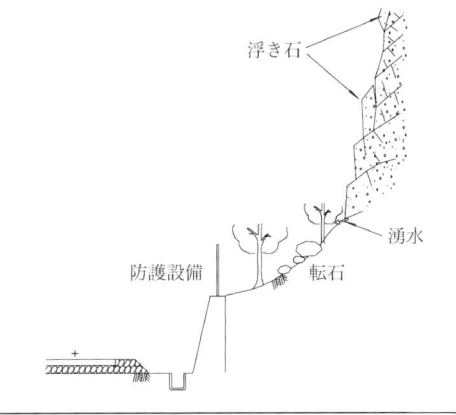

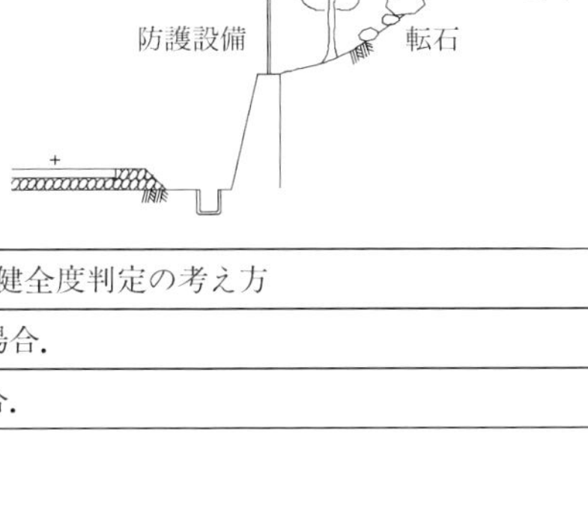

健全度判定の考え方	健全度の判定例
不安定な浮き石や転石が存在する場合．	A
有効な対策工が施工されている場合．	C

項目	切土・排水設備・付帯設備

●選択侵食を受けている箇所（土砂斜面・岩石斜面）

主な不安定要因と予想される崩壊や変状

- 選択侵食とは，のり面が硬い地層と軟らかい地層やこれらの互層で構成されている場合，軟らかい部分が早く侵食され硬い部分が残ることをいう．
- 硬い部分がオーバーハング状や浮き石として不安定な状況で残される場合がある．

【予想される崩壊や変状】
- オーバーハング部の崩壊
- 落石

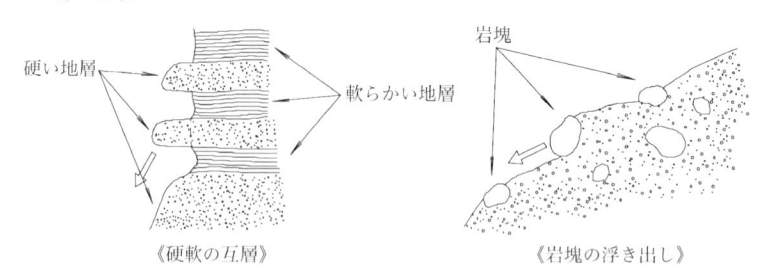

《硬軟の互層》　《岩塊の浮き出し》

オーバーハング部や浮き石が不安定な状況である	A
上記の現象が見られない．	B
有効な対策工が施工されている場合．	C

項目	切土・排水設備・付帯設備

●割れ目の発達（岩石斜面）

主な不安定要因と予想される崩壊や変状

- 割れ目により斜面がブロック化し，全体的な安定度が低下する．
- 特に，割れ目が開いている場合は不安定性が高い．
- 浸透した水の凍結や木の根の生育により，割れ目が拡大することがある．

【予想される崩壊や変状】
- 落石
- 岩盤崩壊

割れ目からの落石 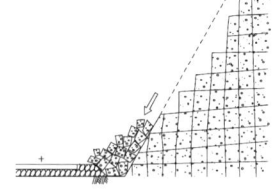　　割れ目に沿った崩壊

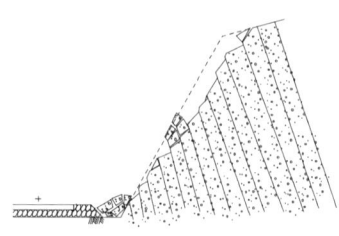

柱状節理からの落石・崩壊 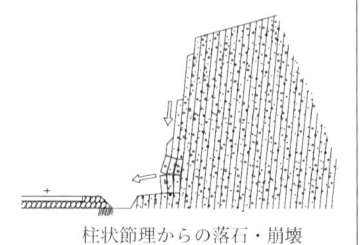　　柱状節理からの落石・崩壊

健全度判定の考え方	健全度の判定例
割れ目が開口してきている，あるいはそのおそれがあり，落石や岩盤崩壊が発生する可能性がある場合．	A
割れ目から湧水が見られる．	B
割れ目に樹木が生育している．	B
割れ目に浸透した水が凍結する．	B
有効な対策工が施工されている場合．	C

項目	切土・排水設備・付帯設備

主な不安定要因と予想される崩壊や変状

●のり肩部の立木・構造物基礎が不安定（土砂斜面・岩石斜面）

・のり肩部の立木や構造物の基礎が不安定な状態になると，この周辺の地山がゆるみ，この部分から表面水が流入しやすくなる．これによって，表層土が崩壊するおそれがある．

【予想される崩壊や変状】
・立木や構造物の倒壊
・表層崩壊（土砂斜面）
・岩盤崩壊（岩石斜面）

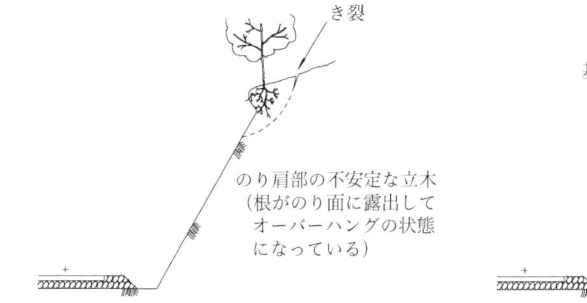

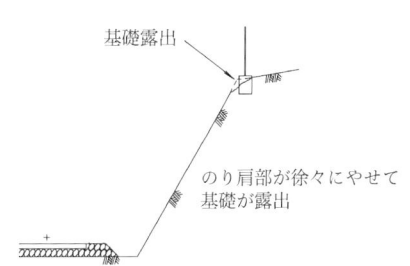

健全度判定の考え方	健全度の判定例
立木や構造物基礎が不安定化している．	A

項目	切土・排水設備・付帯設備

●のり尻や擁壁・柵背面に土砂や岩塊が堆積（土砂斜面・岩石斜面）

・のり尻に土砂や岩塊が堆積するのは，のり面や上部斜面が不安定なために土砂が流出している場合や，岩塊が落下してきている場合である．
・擁壁や柵背面に土砂や岩塊が堆積していると，捕獲できる土砂や岩塊の容量が減少し，次に土砂崩壊や落石が発生した場合，それらが擁壁等を乗り越える可能性がある．

【予想される崩壊や変状】
・土砂崩壊（土砂斜面）
・岩盤崩壊（岩石斜面）
・落石

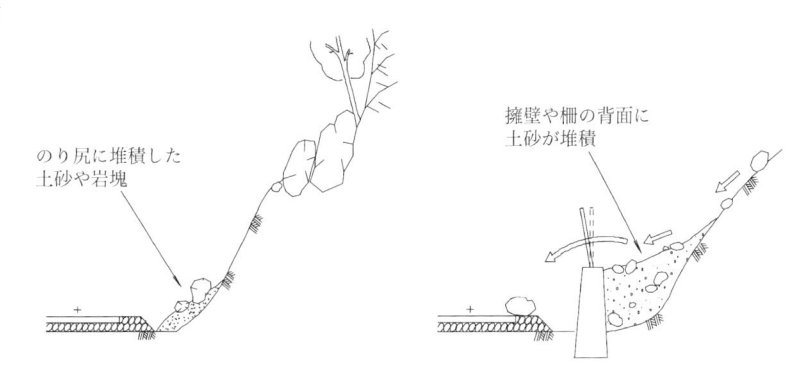

健全度判定の考え方	健全度の判定例
のり尻や擁壁・柵背面に土砂や岩塊が堆積し，ポケット容量が不足している場合	A
その他	B

項目	切土・排水設備・付帯設備

主な不安定要因と予想される崩壊や変状

●排水パイプから土砂が流出（土砂斜面）

- 排水パイプやのり面工の水抜き孔から水と共に土砂が流出すると，地山内部に徐々に空隙を生じ，やがてのり面工の沈下，き裂や空洞などの変状の原因となる．
- 流出してきた土砂によってパイプ内が詰まると，地山内部の水位を急激に上昇させて，これが原因で崩壊することもある．

【予想される崩壊や変状】
- のり面工の変状
- 土砂崩壊（土砂斜面）

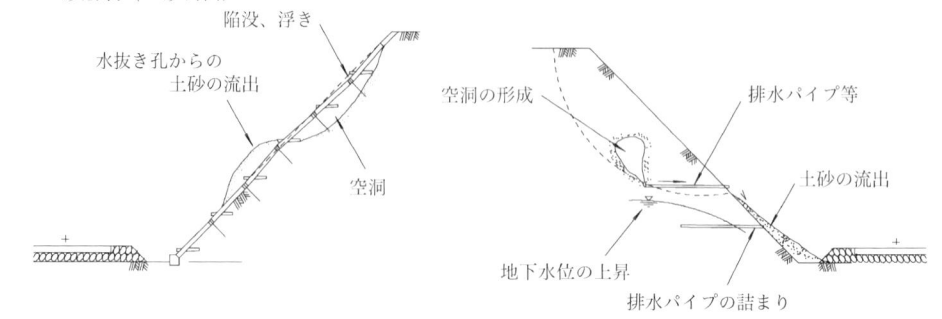

健全度判定の考え方	健全度の判定例
切土内部に空洞が確認される．	A
排水パイプや水抜き孔から大量の土砂が流出した形跡がある，あるいは常に水と一緒に土砂が流出している．	B

項目	切土・排水設備・付帯設備

●排水設備の容量不足（土砂斜面・岩石斜面）

- 切土のり面に付帯する排水設備の容量が不足している場合は，排水溝を雨水が溢水し，のり面の崩壊や侵食を発生することがある．
- 切土背後の部外の用地から多量の流水がのり面に集中し，これがのり上部の排水溝を溢れさせることにより（未設置の場合は直接），のり面を不安定化する場合がある．

【予想される崩壊や変状】
- 土砂崩壊（土砂斜面）
- 岩盤崩壊（岩石斜面）

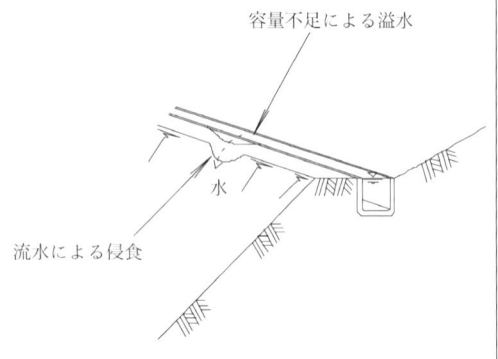

健全度判定の考え方	健全度の判定例
落ち葉や土砂の堆積等による通水阻害がないにもかかわらず，何度も溢水した跡が見られる．	A

上記までに示すような不安定要因がない場合．	S

付属資料7　簡易な調査方法と調査機器について

1. 簡易動的コーン貫入試験（簡易貫入試験）

　簡易動的コーン貫入試験は，斜面調査において表層土の強度や厚さを知るために多く利用されている．試験で用いられる試験機の概略図を**付属図7.1**に示す[1]．試験機は，先端角度が60°の貫入先端コーン，径16 mmのロッド，ガイドロッド，ノッキングヘッド，質量5 kgのウェイトから構成される．試験は，ウェイトを50 cmの高さから自由落下させ，先端コーンを10 cm貫入させるのに要した落下回数N_dを計測するもので，5 m程度の深度までの貫入が可能である．

　総質量が15 kgと小型軽量なため，急斜面でも比較的容易に試験できる特徴を持ち，他のサウンディング試験と比較して短時間で多くの点での調査が可能である．なお，1箇所の試験に要する時間は，貫入深さにもよるが概ね1時間程度あれば十分である．貫入時の打撃感触による土質の違いやロッド引抜き時の先端コーンに付着した土や水分等の状況を記録しておくと，試験後のデータから土の性状を検討する際に役立つ場合が多い[2]．簡易動的コーン貫入試験のデータシート記入例を**付属表7.1**に，試験結果の例を**付属図7.2**に示す．

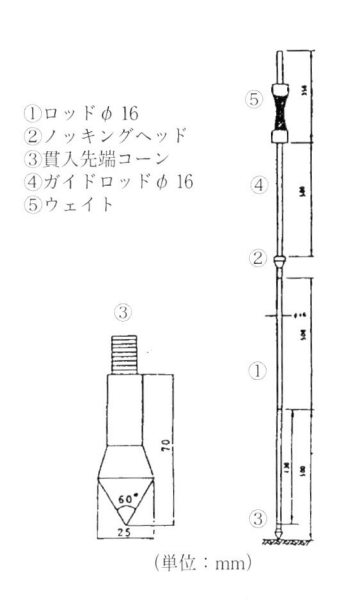

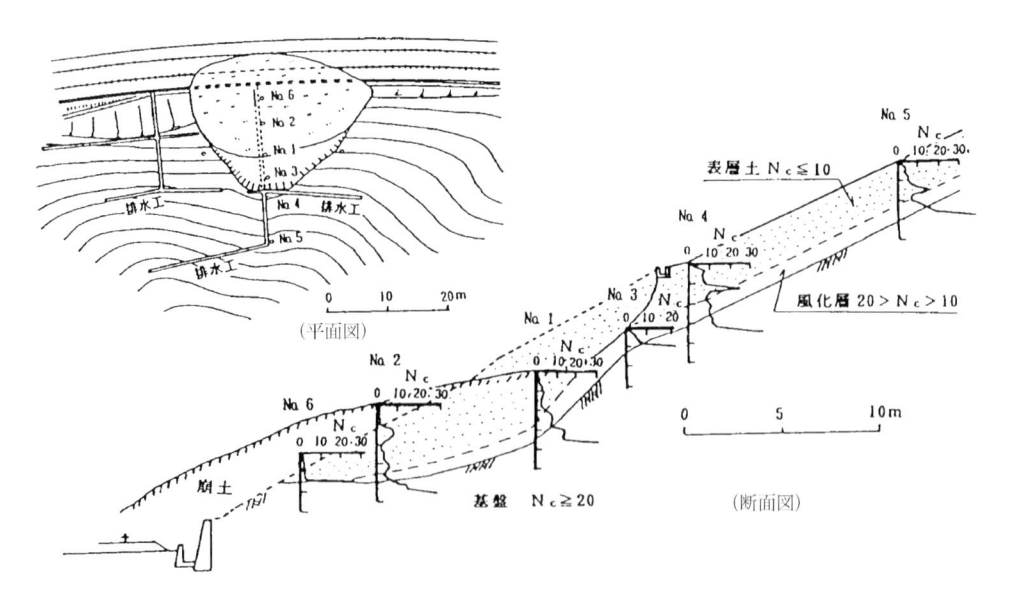

付属図 7.2 試験結果の例

また，この簡易動的コーン貫入試験のデータと従来から用いられているスウェーデン式サウンディング試験や標準貫入試験のデータとの相関については，鉄道総研が多くの調査データに基づき以下の関係を求めている[3]．

【スウェーデン式サウンディング試験との相関】

粗粒土：$N_d = 0.20 N_{sw} + 4.0 W_{sw}$

砂粒土：$N_d = 0.22 N_{sw} + 3.0 W_{sw}$

細粒土：$N_d = 0.15 N_{sw} + 4.0 W_{sw}$

ここに，

N_d：簡易動的コーン貫入試験の貫入 10 cm 当たりの打撃回数

W_{sw}：スウェーデン式サウンディング試験の 1 kN 以下の荷重で貫入する場合の荷重 (kN)

N_{sw}：スウェーデン式サウンディング試験の $W_{sw} = 1$ kN の時，回転により所定の目盛り線まで貫入させたときの半回転数から換算した貫入量 1 m 当たりの半回転数（回/m）

（標準貫入試験のN値との関係）

$N_d \geq 4$ のとき

粗粒土：$N = 0.7 + 0.34 N_d$

砂質土：$N = 1.1 + 0.30 N_d$

粘性土：$N = 1.7 + 0.33 N_d$

$N_d < 4$ のとき

粗粒土：$N = 0.50 N_d$

砂質土：$N = 0.66 N_d$

粘性土：$N = 0.75 N_d$

2. 注入による簡易透水試験

現場透水試験は多くの方法があるが，ここでは現場斜面において簡易な器具を用いて少人数で行うことができる方法を紹介する．

本方法は，簡易な器具を用いて注入した水の量と時間を計測することにより，現地地盤の透水係数を簡易に求めるものである．付属図7.3に測定器具を示す．この図に示すように，測定器具はパイプ（水漏れせず，かつ曲がりにくいもの，例えば真ちゅうパイプなど）と測定管（透明なもの，例えばアクリル透明管など），およびそれらをつなぐゴム管，測定管に水を注入するための漏斗からなる．また，測定管には注入した水の量が分かるように目盛りを記してある．その他の準備品としては，斜面上に直径10cm程度の穴を掘削するための道具（ハンドオーガ，スコップ等），掘削底面をならすための突き棒，測定器具を支えるための支持棒，バケツ，ストップウォッチ等である．

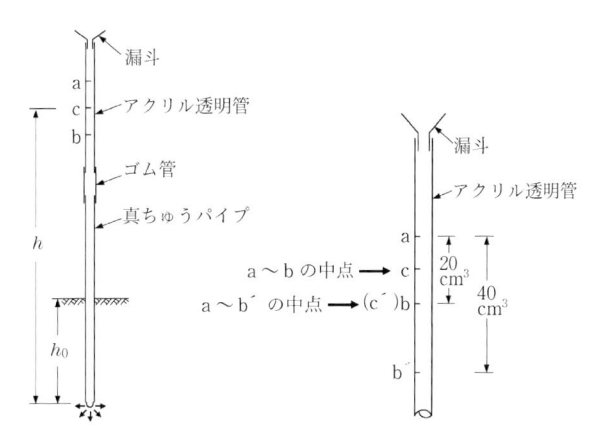

付属図 7.3 測定器具

試験の手順を以下に簡単に示す．

①付属図7.3に示したように測定器具を設置する．
②測定管上部から水を注入する．注入開始当初はパイプ先端付近の土が水を吸収するので，水柱が測定管上部まで到達しないため，上部に水面が達するまで注入する．また，上部に水面が達したとき気泡が残らないように，パイプやゴム管，測定管を静かにたたく必要がある．
③注水を中止し，水面が測定管の目盛りの上端a点（0 cm³）を通過するときにストップウォッチ等で計測を開始する．
④水面が測定管の目盛りの下端b点（20 cm³）またはb′点（40 cm³）を通過するときにストップウォッチ等で計測を停止する．
⑤ ③④を同様の時間が3回程度続くまで繰り返す．
⑥パイプ先端から測定管の目盛りa〜bまたはb′点間の中心c点までの高さ h （cm）と地表面からパイプ下端までの深さ h_0 （cm）を測定する．

測定されたデータから対象とする地盤（深さ h_0 （cm）の位置）の透水係数は，ダルシーの法則より次式で求めることができる．

$$k = \frac{Q}{4\pi rh}$$

ここで，
　Q：単位時間の流量（cm³/s）

$$Q = q/t$$

　　　q：ストップウォッチ等で計測した時間内に注入した水の量（cm³）
　　　t：ストップウォッチ等で計測した時間（s）
　r：パイプの内半径（cm）
　h：パイプ先端から測定管の目盛りa〜bまたはb′点間の中心c点までの高さ（cm）

3. 土壌硬度計（山中式）

　主に切土のり面の土壌の硬さを計測するために用いられる機器であり，付属図7.4に示す構造となっている．

　測定法は，まず土壌断面を垂直に削り取り，付属図7.4のツバが断面に触れるまで静かに円錐部を垂直に圧入し，次に静かに硬度計を抜き取る．この時に，円錐部の圧入に対する土壌の抵抗はばねの縮み（0～40 mm）で遊動指標の目盛に現れるので，一般にこの値を土壌硬度として記録する．この測定を乱されていない部分で10回測定し，その平均値を硬度とする．

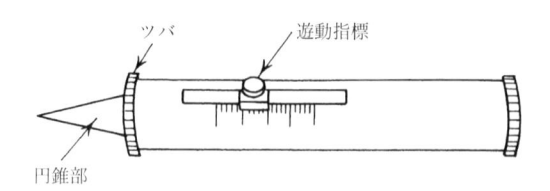

付属図 7.4　山中式土壌硬度計

4. 岩石用ハンマー，クリノメーター等の地質調査用具

　地質調査（踏査）のための用具としては付属図7.5に示すようなものがある．

　このうち，クリノメーターは地層の走向・傾斜を測る一種の磁石であり，普通の磁石と異なり，EとWがNS方向に対して入れ替わっていることが特徴である．まず，地層の走向はクリノメーターを水平にして，その長辺を地層面に密着させ，その時の磁石の目盛りを読んで求める．読み方としては，例えばN 30°EあるいはN 30°Wとする．次に，地層面上で走向と直角方向にクリノメーターの長辺をあて，ハート型の錘子で内側の目盛りを読む．これが地層の傾斜で，例えば30°SEとする．付属図7.6は測定状況である．

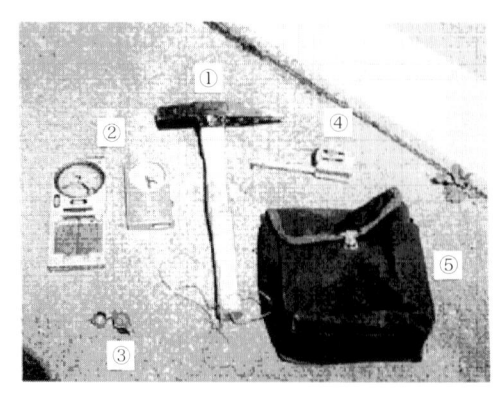

①岩石用ハンマー
②クリノメーター
③ルーペ
④スケール
⑤調査用かばん

付属図 7.5　地質調査用具

(a) 走向の測定  　　　　　　　　(b) 傾斜の測定

付属図 7.6　クリノメーターによる地層の走向・傾斜の測定状況

5. き裂等の変位を測定する計測機器

主に地すべりの運動状況を把握する方法ではあるが，き裂等の変位を測定する方法，計測機器としては以下のものがある．

（1）簡易変位板

簡易変位板とは，き裂を挟む立木または杭の間に木板（変位板）を取り付け，この板に切れ目を入れておき，その切れ目の拡大を測ることにより変位を測定するものである．付属図7.7に変位板の設置例[4]を示す．なお，この方法は，緊急の場合で伸縮計等の入手が間に合わないときに主に用いられる．

（2）伸縮計

伸縮計は，き裂を挟む2点間の距離を測定するものである．付属図7.8に伸縮計の設置例[5]を示す．最近では，遠隔自動計測ができるものもある．なお，地すべりの場合は土塊の移動量から崩壊時間を予知する際に有効である．

（3）孔内傾斜計

孔内傾斜計は，地中変位計とも呼ばれ，地中に生じる水平変位をボーリング孔を利用して埋設したパイプ等の曲がりの状況から求めるもので，すべり面の位置の把握に有効である．定期的に傾斜計をボーリング孔に挿入して測定する挿入式傾斜計と，あらかじめ挿入してあるパイプに取り付けたセンサーにより変位を計測する埋設型傾斜計がある．付属図7.9は，挿入式の孔内傾斜計とその測定結果例[6]である．

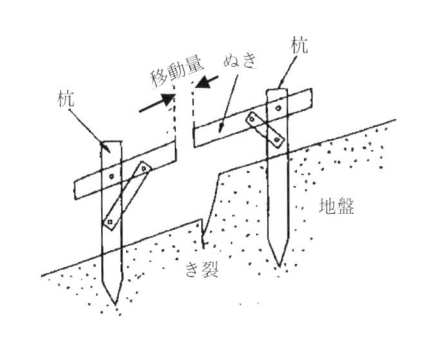

付属図 7.7　簡易変位板の設置例[4] 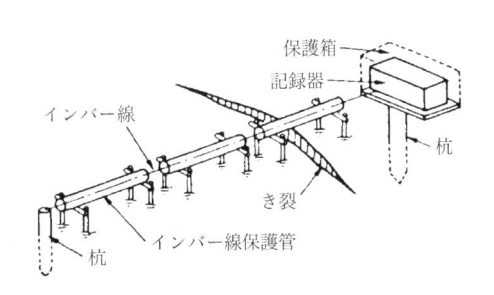　　　　　付属図 7.8　伸縮計の設置例[5]

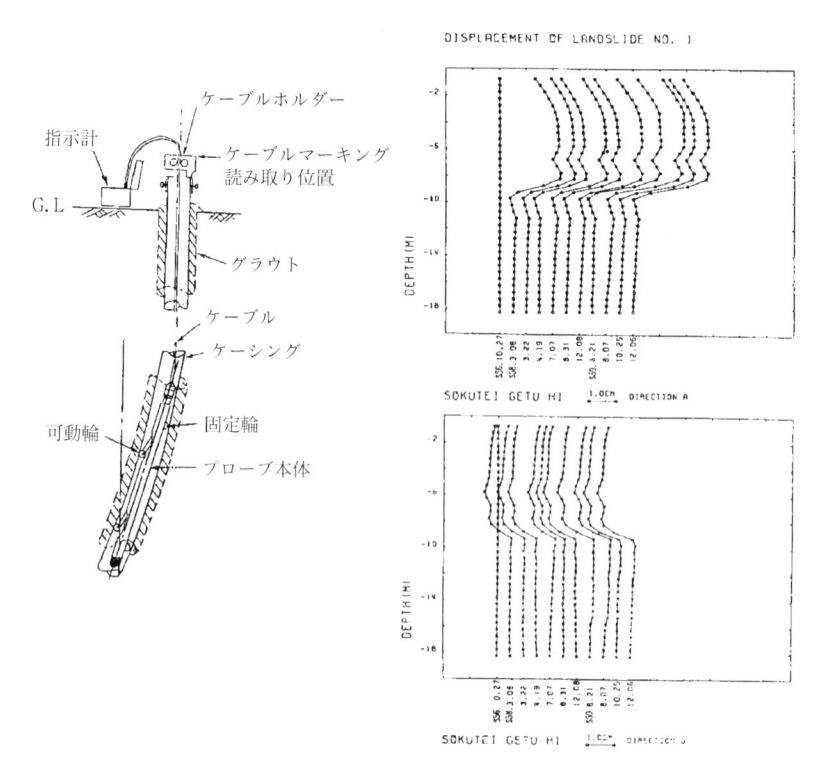

付属図 7.9　挿入式の孔内傾斜計とその測定結果例[6]

参 考 文 献

1) 地盤調査法，(社) 地盤工学会，p.208，1995.9.
2) 杉山友康，野口達雄，村石尚：簡易貫入試験機による斜面調査，日本鉄道施設協会協会誌，Vol.29　No.9，平成3年9月．
3) K. Okada, T. Sugiyama, H. Muraishi, T. Noguchi, M. Samizo : Correlation between Soil Strength of Embankment Surface using Different Sounding Tests, Soils and Foundations Vol.36, No.3, 1996.9.
4) 斉藤迪孝，上沢弘，毛受貞久，安田祐作：東海道新幹線盛土斜面の仕上がりの実態調査，鉄道技術研究報告，No.607，昭和42年8月．
5) 地盤工学会：降雨による地盤災害に関する研究報告書，平成9年3月．
6) 山田剛二，小橋澄治，渡正亮：地すべり・斜面崩壊の実態と対策，山海堂，昭和58年．

付属資料8　地すべり等に対する崩壊時間の予測

　盛土や切土で発生する崩壊は一般的には土塊の動きが急激であるため，その崩壊を事前に予知することは現在の技術では困難である．しかし，土塊の動きが緩慢である地すべり等については，き裂の変状の動きを計測することにより崩壊時間をある程度予測することは可能である．

　崩壊時間を予測する方法として，国鉄鉄道技術研究所が開発した地表面のひずみ速度による方法[1]がある．この方法は，土が破壊される場合の土のクリープ曲線（**付属図8.1**）に示されるように，2次クリープのひずみ速度，3次クリープのひずみ速度と崩壊時間の間に一定の関係があることによるものである．具体的には，地すべり等の土塊の動きを伸縮計により測定し，その結果から崩壊時間を予測する．

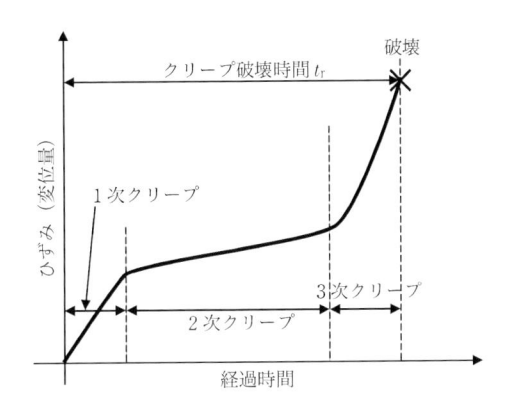

付属図 8.1　土のクリープ曲線

予測の方法としては3つの方法があるので以下に説明する．

1. 2次クリープ領域の定常ひずみ速度から行う方法

　2次クリープの定常ひずみ速度 $\dot{\varepsilon}$ とクリープ破壊時間（崩壊時間） t_r は両対数グラフ上で直線関係にあることから式（1）が得られている．

$$\log_{10} t_r = 2.33 - 0.916 \log_{10}(\dot{\varepsilon} \times 10^4) \pm 0.59 \tag{1}$$

　ここで，t_r：クリープ破壊時間 （分）
　　　　　$\dot{\varepsilon}$：定常ひずみ速度 （1/分）

　また，定常ひずみ速度は，伸縮計により測定された結果から以下の式で得られる．

$$\dot{\varepsilon} = \frac{\Delta l}{l} \cdot \frac{1}{\Delta t} \tag{2}$$

　ここで，$\dot{\varepsilon}$：定常ひずみ速度 （1/分）
　　　　　l：杭間の距離 （mm）
　　　　　Δl：Δt で変化した移動量 （mm）

Δt：経過時間　（分）

式（1），（2）より，**付属図 8.1**に示したクリープ破壊時間（崩壊時間）t_r が求まり，崩壊時間を予測することができる．

2. 3次クリープ領域における方法（図式解法）

3次クリープ領域において，その時点でのひずみ速度と崩壊までの余裕時間との間に逆比例が成り立つとすると，以下の式が得られる．

$$\varepsilon = A \cdot \log\left(\frac{t_r - t_0}{t_r - t}\right) \tag{3}$$

ここで，ε：ひずみ
　　　　t_0：ひずみが 0 の時点
　　　　t：任意の時点
　　　　t_r：崩壊時間
　　　　A：定数

式（3）では定数として t_r，t_0，A があるので，クリープ曲線上の 3 点の値（ε, t）を用い計算することで崩壊時間 t_r を求めることができ，また，**付属図 8.2**に示す図式解法によっても崩壊時間 t_r を求めることができる．

なお，式（4）は**付属図 8.2**に示すようにひずみ間隔を等しくクリープ曲線上の 3 点をとる場合に成り立つ関係である．

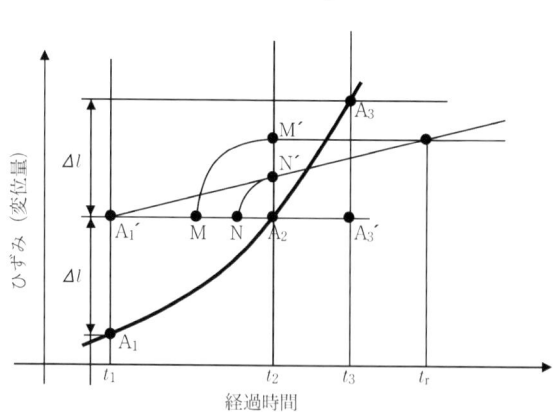

$$t_r - t_1 = \frac{\frac{1}{2}(t_2 - t_1)^2}{(t_2 - t_1) - \frac{1}{2}(t_3 - t_1)} \tag{4}$$

付属図 8.2　図式解法の図

図式解法の手順は，以下の通りである．
　①ひずみ（変位量）間隔を Δl に等しく，3 点 A_1，A_2，A_3 を変位曲線上に取り，その点の時刻をそれぞれ t_1，t_2，t_3 とする．
　②A_2 を通り，時間軸に平行な直線上に A_1，A_3 を投影し，その点をそれぞれ A_1'，A_3' とする．
　③A_1'，A_2 および A_1'，A_3' の中点をそれぞれ M，N とし，図のように A_2 を通る縦線上にそれぞれ MA_2，NA_2 に等しく $M'A_2$，$N'A_2$ をとる．

④M′ を通り，時間軸に平行な直線と A₁′，N′ を結ぶ直線との交点を求めれば，この点の時刻が崩壊時間 t_r を示すことになる．

この手順をデータを計測するにつれて，$\varDelta l$ の間隔を広くとったり，基準となる t_1 の時刻を変更したりして，繰り返し行うことで，崩壊時間 t_r の予測精度が高まることになる．

3. 3次クリープ領域における方法（セミログ法）

3次クリープ領域において，その時点でのひずみ速度と崩壊までの余裕時間との間に逆比例が成り立つとすると，式（3）より，ひずみ ε（または変位量）を普通目盛りで，余裕時間 $(t_r - t)$ を対数目盛でプロットした場合，崩壊時間 t_r の選定が適切であれば図上の点は直線となることから破壊時間を求める方法である．

具体的な解析例の概略を**付属図 8.3** に示す．

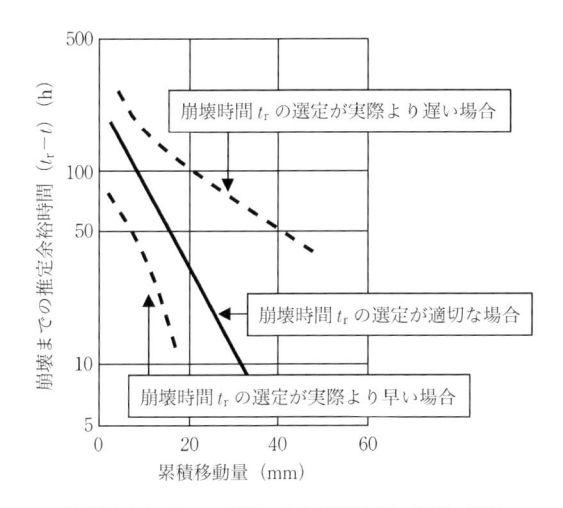

付属図 8.3 セミログ法による崩壊時間の予測の概略

付属図 8.3 に示すように，崩壊時間を仮に選定して現時点までの測定データをプロットした場合，その崩壊時間の選定が適切な場合は直線の関係となるが，崩壊時間が実際より遅い場合，または早い場合には異なる傾向となる．このように適切な崩壊時間の選定を，データを計測するにつれて繰り返し求めることで，予測精度が高まることとなる．

なお，ここで用いられているひずみ速度は，伸縮計の測定区間長さ（インバー線の長さ）を通常 10 m とし，その長さで単位時間の伸びの量を割ったものとしている．しかし，伸縮計は一般にき裂を挟んで設置されるものであり，土塊が一体として移動している場合には，測定区間長さが変わったとしても移動量としては同じである．したがって，移動量をひずみに変換すると，同じ移動量であっても測定区間長さが異なると違ったひずみが得られるという矛盾が発生する．そこで，実際のデータ管理は移動量（変位量）に基づいて行っているのが実態である．

参 考 文 献

1) 斉藤迪孝：斜面崩壊発生時期の予知に関する研究，鉄道技術研究報告，No. 626，昭和 43 年 2 月．

付属資料9　限界雨量に基づく盛土・切土の危険度評価手法

1. はじめに

限界雨量に基づく盛土・切土の危険度評価手法[1]～[5]は，昭和50年頃から昭和63年頃までに降雨によって発生した盛土・切土の詳細な崩壊データを基に，判別解析や数量化Ⅰ類解析といった統計的な解析を実行し，盛土・切土の各種条件から崩壊に至る雨量の予測式を求めたものである．具体的には，盛土・切土の危険度評価基準を基に評価点を加算し，連続雨量と時間雨量のべき乗の積として限界雨量曲線を求めることによって，対象箇所の危険度を評価する．限界雨量曲線の例を**付属図9.1**に示す．

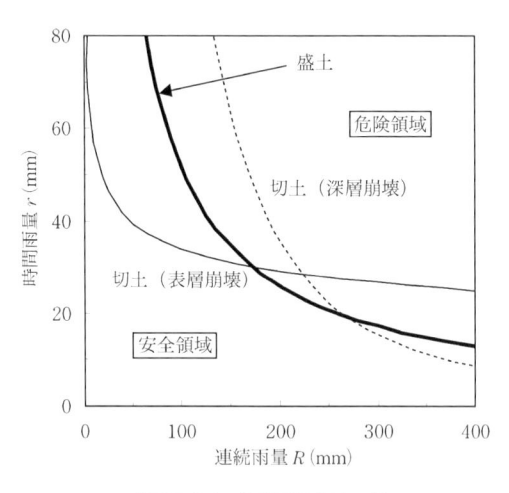

付属図 9.1 限界雨量曲線の例

2. 本手法の特徴

本手法の特徴は以下の通りである．

① 盛土，切土それぞれに危険度評価手法が開発され，切土については崩壊形態を予測した上で，崩壊形態に見合った評価を行えるようになっている．そのため，実際の崩壊時の雨量をより精度よく評価することができる．

② 盛土の強度や透水係数，あるいは表層土の強度など目視だけでは判定できない地盤工学的なパラメータを導入することにより，評価制度を高めている．なお，危険度評価に必要なパラメータは簡易な現場調査により得ることができる．

③ 降雨量の多い地域と少ない地域では崩壊に至る雨量が異なるといわれてきたが，これを経験雨量というパラメータを導入することにより，地域特性を反映したものとなっている．

④ 限界雨量曲線が，時間雨量と連続雨量の2次元平面上において非線形の曲線で表されるため，JR各

付属資料9 限界雨量に基づく盛土・切土の危険度評価手法　　109

社が運転規制に使用している雨量指標と関連付けられる．そのため，評価結果を列車の運転規制値を決める際のひとつの参考値とすることができる．さらに，評価点による斜面相互の危険度の比較を行うだけではなく，いつ崩壊するかといった崩壊時期の予測も可能である．

⑤のり面防護工を施工した場合の評価もできるため，のり面防護工の効果を定量的に評価することができる．

なお，本手法の対象は，盛土・切土・小規模な自然斜面であり，落石や地すべり，大規模な自然斜面の崩壊に対しては適用できないことに注意する必要がある．

3. 危険度評価手法の概要と適用の考え方

3.1 盛土の危険度評価

盛土の危険度評価基準を**付属表 9.1**に示す．表にも示してある通り，盛土の限界雨量曲線は，以下の式によって表される．

$$R^{0.3} \cdot r^{0.3} = 基本点 + \sum (評価点)$$

上式の右辺は，表に示す条件ごとの評価点を加算することによって求めることができる．以下に，各条件の説明を簡単に述べる．

（1） 盛土の構造条件

a） 盛土高さ

盛土高さは，のり尻から天端までの高さとする．**付属表 9.2**のように，傾斜地盤上の盛土で，左右の高さが異なる場合は，それぞれ別の評価箇所とする．また，土留擁壁，腰土留め，押さえ盛土がのり尻部分

付属表 9.1 盛土の危険度評価基準
$R^{0.3} \cdot r^{0.3} = 基本点 + \sum (評価点)$

	基本点	13.14			
	条件	条件（上段）と評価点（下段）			
盛土の構造条件	盛土高さ H (m)	$P = -3.18 \times 10^{-3} H^2 - 7.09 \times 10^{-2} H + 7.87 \times 10^{-1}$			
	土質 S_E	粘性土	砂質土	礫質土	
		-1.05	0.07	0.14	
	貫入強度 N_C	$P = -9.79 \times 10^{-3} N_C^2 + 4.75 \times 10^{-1} N_C - 2.24$			
基盤条件	表層地盤の地質 S_B	沖積地盤		その他	
		-0.38		0.22	
	地盤の傾斜角 θ_B	平坦		10°以上	
		1.34		-1.10	
集水・浸透条件	透水係数 k (cm/s)	$k < 10^{-4}$	$10^{-4} \leq k < 10^{-3}$	$10^{-3} \leq k < 10^{-2}$	$10^{-2} \leq k$
		-0.17	0.26	-0.41	0.86
	集水地形 W_G	なし	対象側	反対側	
		0.52	-3.23	-1.83	
	縦断形態 T_L	切盛境界・落込勾配		平坦・単勾配	
		-0.53		-0.30	
	横断形態 T_H	純盛		片切片盛・腹付	
		0.21		-0.16	
経験雨量条件	経験雨量 R_E	$P = -1.06 \times 10^{-10} R_E^2 + 5.50 \times 10^{-5} R_E - 2.96$			
防護工（効果率100%の場合）		防護工種類		効果点	
		プレキャスト格子枠		4.26	
		張ブロック		3.35	

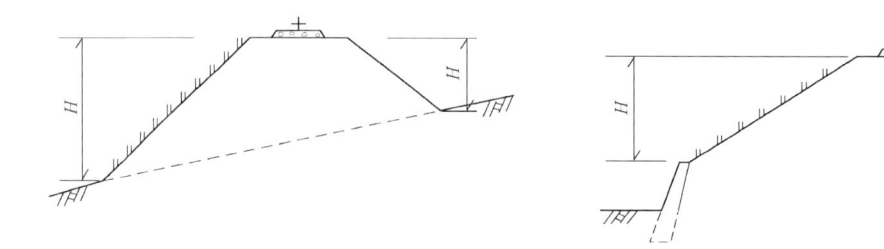

付属図 9.2　盛土高さ

にある場合は，これらの天端から施工基面までの高さとする．

b)　土質

土質は，表層部分（土羽土や植生土）ではなく，その部分より下方の盛土本体のものとする．

c)　貫入強度

貫入強度は，簡易動的コーン貫入試験（**付属資料7参照**）の試験結果を用いる．試験位置は，盛土ののり肩部分を原則とし，地表部分から3mまでの深さの平均値を評価対象盛土の貫入強度とする．ただし，地表部分から3mに達するまでに貫入不能（$N_c \geq 40$）となった場合は，それまでの深さの平均値とする．また，貫入途中で礫などの存在で，一時的に N_c 値が大きくでる場合は，このデータを棄却して平均値を求める．なお，地盤工学会の基準では試験結果を N_d と表記するがここでは N_c としている．

（2）基盤条件

a)　表層地盤の地質

盛土を支持する地盤の地質であり，現地調査で判断できない場合は地質図などを参考にする．また，沖積地盤以外でも地下水が高く，地盤表面近くに地下水面がある場合は，沖積地盤としている．

b)　地盤の傾斜角

付属図9.3に示すように，盛土を支持する地盤の傾斜角である．なお，地盤の傾斜角は，左右ののり面長さ，勾配，施工基面幅などを簡易な測量によって求め，盛土の横断形態を明らかにすると容易に求められる．

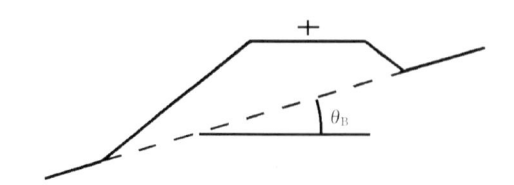

付属図 9.3　地盤の傾斜角

（3）集水・浸透条件

a)　透水係数

盛土の透水係数は，以下のいずれかの方法によって求めることができる．

①簡易現場透水試験（**付属資料7参照**）
②不攪乱試料を採取し，室内透水試験を行う
③土質判定に使用した粒度試験結果から透水係数を推定する

④土質から経験的に透水係数を推定する

ここでは，③粒度試験結果から透水係数を推定する方法について述べる．

(ア) Hazen の式による推定方法

$$透水係数\quad k\,(\mathrm{cm/sec}) = 100\,D_{10}{}^2$$

D_{10}：土の 10% 粒径 (cm)

(イ) Creager の分類による推定方法

粒度分析による 20% 粒径から**付属表 9.2** より推定する

付属表 9.2 Creager の分類

D_{20}(mm)	k(cm/s)	土質分類	D_{20}(mm)	k(cm/s)	土質分類
0.005	3.00×10^{-6}	粗粒粘土	0.18	6.85×10^{-3}	微粒砂
0.01	1.05×10^{-5}	超粒シルト	0.20	8.90×10^{-3}	
			0.25	1.40×10^{-2}	
0.02	4.00×10^{-5}	粗砂シルト	0.3	2.20×10^{-2}	中粒砂
0.03	8.50×10^{-5}		0.35	3.20×10^{-2}	
0.04	1.75×10^{-4}		0.4	4.50×10^{-2}	
0.05	2.80×10^{-4}		0.45	5.80×10^{-2}	
0.06	4.60×10^{-4}	極微粒砂	0.5	7.50×10^{-2}	
0.07	6.50×10^{-4}		0.6	1.10×10^{-1}	粗粒砂
0.08	9.00×10^{-4}		0.7	1.6×10^{-1}	
0.09	1.40×10^{-3}		0.8	2.15×10^{-1}	
0.10	1.75×10^{-3}		0.9	2.8×10^{-1}	
0.12	2.6×10^{-3}	微粒砂	1.0	3.60×10^{-1}	
0.14	3.8×10^{-3}		2.0	1.80	超礫
0.16	5.1×10^{-3}				

b) 集水地形

付属図 9.4 に示すように，評価対象のり面側が片切片盛の山側のように水が集中しやすい場合，あるいは地形的には集水地形でなくても水が集中しやすいことが分かっている場合は，集水地形と判断する．

また，明らかに集水地形の場合でも，横断する排水設備が計算で得られる流下量よりも十分な許容量である場合や，排水設備でなくても道路などが盛土を横断し，上流側からの水を下流側に流下させる構造となっている場合は，集水地形と判断しない．ただし，直径 60 cm 以下の伏びについては計算では十分な排水量を確保できていても，地形的に集水条件であれば集水地形とする．

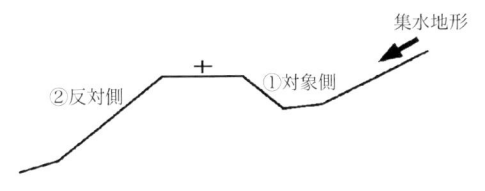

付属図 9.4 集水地形

c) 縦断形態

付属図 9.5 に示すように，縦断形態は水が集中しやすい場合（切盛境界または落込勾配点）とそれ以外（平坦または単勾配）に分類する．

d) 横断形態

付属図 9.6 に示すように，横断勾配は一般的な構造である場合（純盛り）とそれ以外（片切片盛（片盛

付属図 9.5　縦断形態

付属図 9.6　横断形態

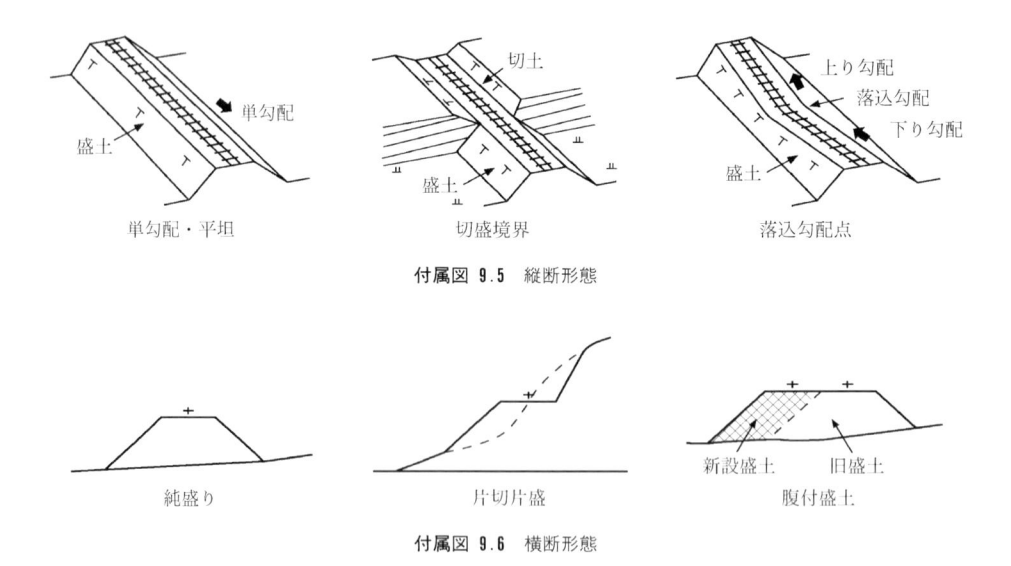

も含める）または腹付盛土（新設盛土側の場合））に分類する．
（4）経験雨量条件
　経験雨量とは，建設後，その盛土が受けた雨の総量をいい，以下によって求める．
　　　　　　（経験雨量）＝（盛土の建設から現在までの経過年数）×（その地域の年平均雨量）
地域の年平均雨量は，評価対象盛土の近傍の気象官署のデータから判断できる．
（5）防護工
　防護工については，実際に防護工が施工されている盛土の限界雨量や今後防護工を施工する計画のある場合に，該当する防護工の種類を選択して評価点に加算する．

3.2　切土の危険度評価

　切土の危険度評価を行うには，まず崩壊形態を判別し，その後判別された崩壊形態別に危険度を評価し限界雨量を求める．
　崩壊形態は以下の式で判別することができる．

$$Z = -0.115H - 2.992D_s + 0.666W_G + 4.001$$

　　　ここで，Z：崩壊形態判別得点
　　　　　　H：切土高さ（m）
　　　　　　D_s：表層土の厚さ（m）
　　　　　　W_G：切土上部の地形

　上式において，切土高さH，表層土の厚さD_s（後述の「(2) b) 表層土厚さ」参照），斜面上部の地形W_Gを代入することにより，対象のり面の崩壊形態の判別得点が求められる．ここで，切土上部の地形については，付属図9.7に示すように，集水地形の場合は「1」，等価流入地形であれば「2」，平坦地形であれば「3」，非集水地形であれば「4」を代入する．
　判別得点Zから以下の範囲で崩壊形態を判別する．
　　　$1 < Z$　……表層崩壊
　　　$-1 \leq Z \leq 1$……表層崩壊または深層崩壊
　　　$Z < -1$　……深層崩壊

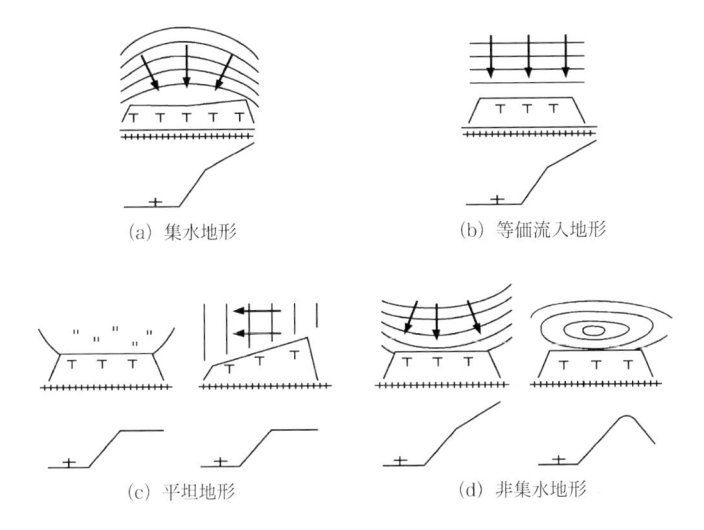

付属資料9　限界雨量に基づく盛土・切土の危険度評価手法　　113

(a) 集水地形　　(b) 等価流入地形

(c) 平坦地形　　(d) 非集水地形

付属図 9.7　切土上部の地形

切土の危険度評価基準を**付属表9.3**（表層崩壊），**付属表9.4**（深層崩壊）に示す．表にも示してある通り，切土の限界雨量曲線は，以下の式によって表される．

$$R^{0.2} r^{0.9} = 基本点 + \sum(評価点)\ （表層崩壊）$$
$$R^{0.4} r^{0.2} = 基本点 + \sum(評価点)\ （深層崩壊）$$

上式の右辺は，表に示す条件ごとの評価点を加算することによって求めることができる．以下に，各条件の説明を簡単に述べる．

（1）　構造条件

a）　勾配緩急（建設基準に対し）

表層崩壊の評価基準で使用するのり面勾配は，のり面の角度ではなく設計基準（鉄道構造物等設計標

付属表 9.3　切土の危険度評価基準（表層崩壊）
$R^{0.2} \cdot r^{0.9} = 基本点 + \sum(評価点)$

基本点		45.16			
条件		条件（上段）と評価点（下段）			
構造条件	勾配緩急（建設基準に対し）θ	急勾配	標準勾配	緩勾配	
		−6.35	−2.57	10.62	
土質・地質条件	土質 S_E	粘性土	シルト	砂質土	礫質土
		−0.29	−6.15	1.32	1.61
	貫入強度 N_C	$P = 6.54 \times 10^{-2} N_C^2 + 1.86 N_C - 16.45$			
	基盤の地質岩種 R_C	堆積岩	花崗岩類	その他	
		0.15	−12.46	0.15	
集水条件	上部の地形 W_G	集水地形	等価流入地形	平坦地形	非集水地形
		−13.24	−4.01	1.37	8.43
経験雨量条件	年平均雨量 R_Y	$P = 6.05 \times 10^{-6} R_Y^2 - 5.95 \times 10^{-3} R_Y - 8.26$			
防護工（効果率100％の場合）		防護工種類	効果点		
		場所打ち格子枠	36.16		
		プレキャスト格子枠	28.75		
		張コンクリート	37.68		

付属表 9.4 切土の危険度評価基準（深層崩壊）
$$R^{0.4} \cdot r^{0.2} = 基本点 + \sum (評価点)$$

基本点		15.56			
条件		条件（上段）と評価点（下段）			
構造条件	のり面勾配 β（度）	$P = -1.64 \times 10^{-3}\beta^2 + 8.55 \times 10^{-2}\beta - 6.73 \times 10^{-1}$			
	切土高さ H（m）	$P = 2.80 \times 10^{-3}H^2 - 2.64 \times 10^{-1}H + 2.56$			
土質・地質条件	表層土厚さ D_s（m）	$P = -1.15 D_s + 2.30$			
	貫入強度 N_c	$P = 4.93 \times 10^{-2}N_c^2 - 2.82 \times 10^{-2}N_c - 2.77$			
	基盤の地質硬度 R_h	硬岩	軟岩	脆弱岩土砂	
		0.36	−0.02	−1.26	
集水条件	上部の地形 W_G	集水地形	等価流入地形	平坦地形	非集水地形
		−0.84	−0.32	0.65	0.64
経験雨量条件	年平均雨量 R_Y	$P = -2.00 \times 10^{-6}R_Y^2 + 1.22 \times 10^{-2}R_Y - 14.52$			
防護工（効果率100%の場合）		防護工種類		効果点	
		場所打ち格子枠		4.39	
		プレキャスト格子枠		3.53	
		張コンクリート		5.41	

準・同解説―土構造物）に示されている地山の性状別の勾配との相対的な比較によって，これよりも「急勾配」か「緩勾配」または「標準的勾配」かを分類する．

　b）　のり面勾配

　切土のり面の勾配は，水平となす角度を代表的な箇所でスラントゲージ等によって求める．なお，途中で勾配が変化する場合は急なのり面の勾配を採用する．

　c）　切土高さ

　付属図 9.8 に示すように，評価対象となる切土の高さであり，線路際に土留壁などがある場合は，その天端からの高さとする．

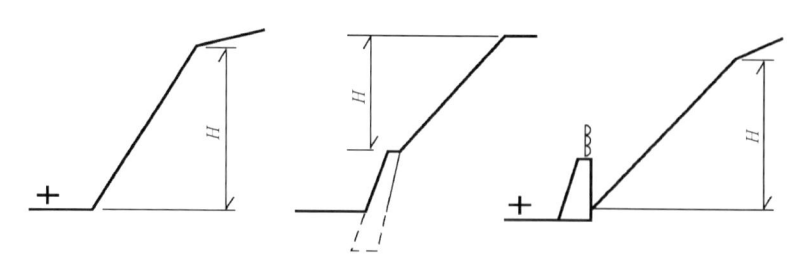

付属図 9.8　切土高さ

（2）　土質・地質条件

　a）　土質

　簡易動的コーン貫入試験の結果である N_c が急に大きくなる部分までを表層土部分とし，この部分の土質を選択する．なお，地盤工学会の基準では簡易動的コーン貫入試験結果を N_d と表記するが，ここでは N_c としている．

　b）　表層土厚さ

　表層土厚さは，表層土の斜面と直角の方向の厚さとする．簡易動的コーン貫入試験の結果である N_c が急に大きくなる部分までを表層土部分とし，この部分の厚さとする．なお，N_c が急に大きくならず，ほ

ぼ一定の値を示す，または，徐々に大きくなるような場合は，N_c が 20 以上で連続して得られるようになれば，これより浅い部分を表層土とし，5 m 以上貫入しても N_c が 20 未満の場合は表層土厚さを 5 m までを表層土とする．

 c) 貫入強度

貫入強度は，簡易動的コーン貫入試験機によって調査する．試験位置は，切土のり面の中腹部分もしくはのり肩部分を原則とし，地表面から表層土部分と判断した深さまでの N_c の平均値を貫入強度とする．なお，盛土と同様に貫入途中で礫などの存在で，一時的に N_c 値が大きくでる場合は，このデータを棄却して平均値を計算する．

 d) 基盤の地質岩種

現地調査の際に，調査対象のり面付近の踏査によって判断するが，踏査で判断できない場合は，地質図から周辺の地質を判定する．

 e) 基盤の地質硬度

評価対象のり面の周辺の岩の露頭部分からその硬度を判定する．硬度の判定基準は，設計基準（鉄道構造物等設計標準・同解説―土構造物）に示されている．

(3) 集水条件

付属図 9.7 に示したように，のり面上部の地形の状態を踏査および地形図から選択する．なお，踏査では 1/2500 の平面図にも現れないような微地形的な集水地形と判断できる場合があるが，これは集水地形とせず，あくまで 1/2500 の平面図に現れるような地形区分として判断する．

(4) 経験雨量条件

評価対象のり面が 1 年間に受ける雨量であり，その地域の年平均雨量を用いる．なお，年平均雨量は，評価対象箇所の近傍の気象官署のデータから判断できる．

(5) 防護工

防護工については，実際に防護工が施工されている切土の限界雨量や今後防護工を施工する計画のある場合に，該当する防護工の種類を選択して評価点に加算する．

参 考 文 献

1) 杉山友康：降雨時の鉄道沿線斜面災害防止のための危険度評価法に関する研究，鉄道総研報告，特別第 19 号，1997.5.
2) 岡田勝也，杉山友康，村石尚，野口達雄：統計的手法による鉄道盛土の降雨災害危険度の評価手法，土木学会論文集，No. 448/III-19, pp. 25-34, 1992. 6.
3) K. Okada, T. Sugiyama, H. Muraishi, T. Noguchi, M. Samizo : Statistical Risk Estimating Method for Rainfall on Surface collapse of A Cut Slope, Soils and Foundations, Vol. 34, No. 3, pp. 49-58, 1994. 9.
4) T. Sugiyama, K. Okada, T. Sugiyama, H. Muraishi, T. Noguchi, M. Samizo : Statistical Rainfall Risk Estimating Method for A Deep Collapse of A Cut Slope, Soils and Foundations, Vol. 35, No. 4, pp. 37-48, 1995. 12.
5) 杉山友康，岡田勝也，秋山保行，村石尚，奈良利孝：鉄道盛土の限界雨量に及ぼす防護工の効果，土木学会論文集，No. 644/IV-46, pp. 161-171, 2000. 3.

付属資料10　岩石斜面の安定性評価手法

1. はじめに

　落石や岩盤崩壊を発生させる岩石斜面は，土砂斜面に比べ，降雨に代表される誘因との相関が不明確であることなどから，その安定性を評価することが大変難しく，地質工学の専門家に判断を委ねる場合が多いと考えられる．このため，日常，斜面の保守管理を担当している現場の技術者にとって，岩石斜面の検査の際に，比較的簡易でより的確な評価ができる手法は有用であるといえる．

　このような背景から，落石・岩盤崩壊の発生に寄与する素因に注目し，各種のデータを分析するとともに，発生メカニズムからの考察も加えることにより，より精度が高く，現場で使いやすい岩石斜面の新しい安定性評価手法を開発した．本資料は，この安定性評価手法を用いる際の，具体的な方法を示したものである．

2. 本資料で用いる用語

　同一の対象を示す用語が分野や機関によって異なっている場合があるため，本資料で用いる用語の定義は**付属表10.1**に示すとおりとする．

3. 安定性評価手法の概要

（1）評価手法作成の手順

　付属図10.1はこの安定性評価手法作成までの手順を示したものである．既存の安定性評価手法（これらには安定性評価の技術的ノウハウが詰っていると考えられる）で用いられている素因の分析および実際の災害データから抽出した素因の分析を行い，この分析結果に実際の岩石斜面の調査・評価データの解析結果を加え，評価手法を構築している．

　なお，詳細については文献[1)~3)]を参照されたい．

（2）評価手法の基本的な考え方

　この安定性評価手法の基本的な考え方は次のとおりである．

①評価の対象としては，主に1000 m^3 程度までの落石・岩盤崩壊とする．したがって，1996年2月10日に発生した一般国道229号豊浜トンネルの崩壊に代表される大規模な岩盤崩壊は対象外である．

②はく落型落石・岩石崩壊と転落型落石は発生メカニズムが異なるため，関連する素因等に大きな違いがみられるが，はく落型落石と岩石崩壊は，規模が異なるものの発生メカニズムは基本的には同様であり，素因等もほぼ同様である．このため評価の対象としては，「はく落型落石・岩石崩壊」と「転落型落石」の2種とする．

③落石・岩盤崩壊が発生するかどうかの評価である「発生源での安定性評価」と，発生した場合に災害となるかどうかの評価である「鉄道線路等への影響度の評価」を区分する．

④素因には現時点での不安定性を示すものと将来の安定性低下に係わるものとがあり，また，過去の発

付属資料10　岩石斜面の安定性評価手法　117

付属表 10.1　本資料で用いる用語の定義

用　語	本資料での定義，使用方	備　考
斜面	自然斜面と切土のり面の総称．	
土砂斜面	表層部が土砂（岩が風化したものを含む）により構成される斜面．	
岩石斜面	岩石により構成される斜面（表層が部分的に薄い土砂で覆われている斜面，転石が存在する斜面を含む）．	
素因	災害の原因のうち，もともと斜面が持っている特性をいう．落石・岩盤崩壊の場合は主に地形条件と地質条件である．	
誘因	災害を引き起こす直接的な原因をいう．落石・岩盤崩壊の場合は水，気象現象，地震，人為的行為等がある．	
落石・岩盤崩壊	岩石斜面の崩壊現象の総称．	落石と岩盤崩壊は明確には区分できないが，落下岩塊が多数の場合や規模が大きい場合には岩盤崩壊と称していることが多い．また，道路関係では岩盤崩壊を岩石崩壊と大規模岩盤崩壊に区分しているが，両者の区分に用いる規模は明確ではない．
岩盤崩壊	岩石斜面を構成する岩盤がある程度の規模で一体となって落下する現象．	
大規模岩盤崩壊	岩盤崩壊のうち，崩壊規模が比較的大きいもの．概ね 10^4 m³ 程度から 10^6 m³ 程度まで．	
岩石崩壊	岩盤崩壊のうち，崩壊規模が比較的小さいもの．概ね 10^2 m³ 程度から 10^4 m³ 程度まで．	
落石	岩石斜面から個数を数えられる程度の岩塊がはく離，あるいは浮き出して落下する現象，およびその落下する岩塊．	
はく落型落石	岩石斜面からはく離した岩塊の落石，「はく離型落石」，「浮石型落石」とも称される．	
転落型落石	岩石斜面から浮き出した岩塊の落石，「抜け落ち型落石」，「転石型落石」とも称される．	
浮き石	岩石斜面からはく離しかかっているか，あるいは浮き出して不安定になっており，はく落型落石となる可能性のある岩塊の総称．なお，特に岩石崩壊について区別する場合は「ブロック」を用いる．	
転石	本来は，二次的に斜面に堆積している岩塊を指すが，含礫堆積物中の表層に浮き出た岩塊や岩石斜面の風化により表層に浮き出した岩塊も含め，転落型落石となる可能性のある岩塊の総称．	
割れ目	岩盤中に発達する割れ目で，岩目，クラック，き裂ともいう．大別すると層理（地層の境界），片理（変成岩の割れ目），節理（割れ目を挟んだ両側の相対的変位がほとんどないもの）と断層（相対的変位があるもの）に区分できる．	
マトリックス	斜面を構成する物質のうち，埋まっている岩塊より軟質の部分．	
発生域	落石・岩盤崩壊のもととなる浮き石や転石が分布する区域．なお，発生域の中で安定性評価等の際に対象となる岩盤，岩塊は「発生源」という．	付属図10.2 参照
落下域	落下岩塊の落下経路にあたる区域で，発生域と到達域の間の区域．	
到達域	一般的には落下岩塊が停止する区域を指すが，鉄道線路等への影響という点から，斜面の尻部付近から線路敷の区域とする．	
防護設備	落石対策工，落石検知装置等の総称．	

　生履歴は現在から将来にわたる安定性を評価するにあたって参考となる事項である．そこで，「発生源での安定性評価」は，過去，現在，将来という時間軸により区分して評価する．また，岩塊の落下・崩壊に直接寄与し，明らかに不安定であると判断できる素因を「決定的素因（CPC：Critical Primary Cause）」と呼ぶこととし，現在の不安定性については，まずこの CPC の有無で評価する．
　⑤「鉄道線路等への影響度の評価」は，発生源での評価が不安定とされた場合について，**付属図10.2**に示すような発生域，落下域，到達域という空間軸により区分して評価する．
　なお，本資料は，このうち，「発生源での安定性評価」を対象としたものであり，「鉄道線路等への影響

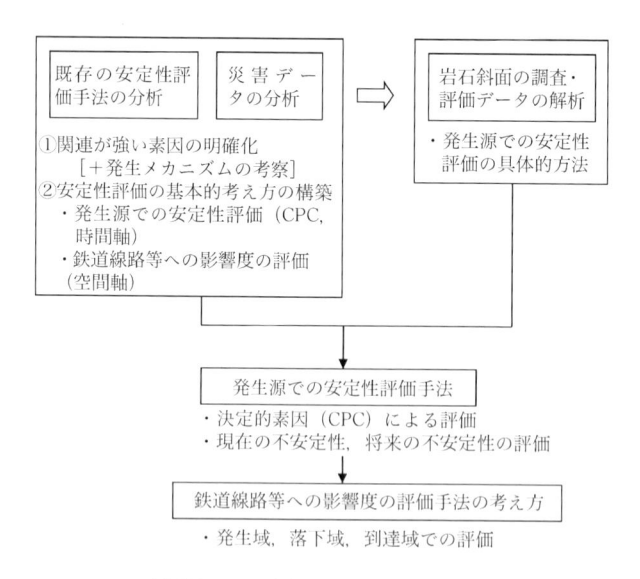

付属図 10.1 安定性評価手法の作成手順

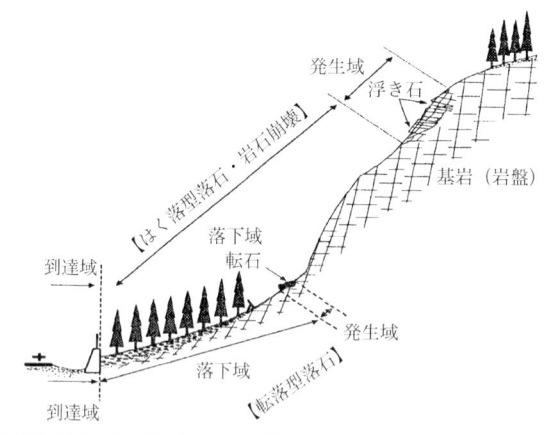

付属図 10.2 発生域・落下域・到達域の模式図（文献 4）を一部修正）

度の評価」については，評価の考え方を参考として示す．

4. 安定性評価の手順

「はく落型落石・岩石崩壊」と「転落型落石」の2種類を対象とし，「CPCによる評価等を含む現在の不安定性」と「将来の不安定性」を区分して評価する（なお，「過去の不安定性」については解析結果の精度が低かったため，評価の対象から除いている）．

具体的には，発生源としての評価対象部分にCPCが認められる場合は無条件に不安定度が大きい（危険度「I」）とし，それ以外については，現在の不安定性および将来の不安定性の評価点により危険度を「II」から「V」に区分する．ただし，誰の目からみても明らかに不安定な浮き石や転石が存在する場合は危険度が高いことは自明であり，本評価の対象外である．

また，この評価手法での危険度ランクと従来から鉄道で用いられている健全度判定区分とのおおまかな対応は**付属表10.2**に示すとおりである．

付属資料10 岩石斜面の安定性評価手法　119

付属表10.2 評価手法での危険度ランクと鉄道の健全度判定区分の対応

危険度ランク	I	II	III	IV	V
健全度判定区分	AA～A_1	A_1	A_2	B	C～S
備考	不安定 不健全	←		→	安定 健全

5. はく落型落石・岩石崩壊に対する評価

付属図10.3により評価する．具体的な方法は以下のとおりである．

（1）評価の流れ

① 大きく開口した割れ目あるいは多量の浮き石の存在をCPCとし，この場合は無条件に不安定度が高いとする．ただし，これに該当する割れ目が存在していても，割れ目が局部的であることや進行性が

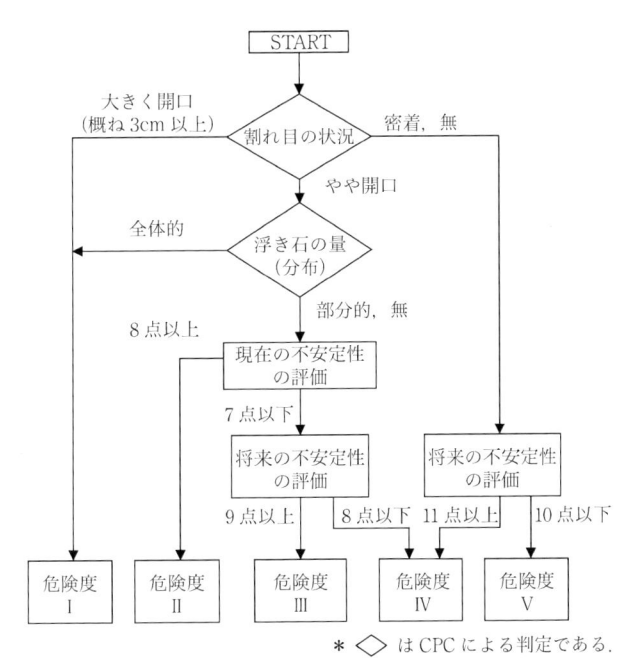

[現在の不安定性]

評価項目	評価点		
斜面勾配 G	$G>70°$ 2	$70°≧G>45°$ 1	$45°≧G$ 0
風化度	II 2	I・III 1	IV 0
割れ目の性状	ブロック状 2	板状 1	サイコロ状 0
割れ目の方向性	流れ盤 2	受け盤 1	ほぼ水平 0
不安定地形等	有 2		無 0
崩壊歴の有無	有 2	不明 1	無 0

[将来の不安定性]

評価項目	評価点		
斜面型	尾根型 2	直線 1	谷型 0
斜面の高さ H	$H>20m$ 2	$20m≧H>10m$ 1	$10m≧H$ 0
風化度	II 2	I・III 1	IV 0
割れ目の多寡	多 2	中 1	少 0
集水条件・湧水	湧水あり 集水地形 2	流入地形 1	非流入地形 0
立木・植生	裸地 4	草本 2	木本 0
不安定地形等	有 2		無 0
崩壊歴の有無	有 2	不明 1	無 0
気象条件	寒冷地 2		温暖地 0

付属図10.3 発生源での斜面の安定性評価手法【はく落型落石・岩石崩壊】

* ◇はCPCによる判定である．

ないことが確認されている等により，明らかに斜面の安定性に影響がないと判断される場合にはCPCとはせず，やや開口と同等として扱う．
②上記と反対に割れ目がないか密着している場合（当然ながら浮き石はないことにもなる）は，現状では安定度が高いとする．ただし，将来の不安定性についての評価は行い，ランク分けを行う．
③これ以外については，まず，現在の不安定性の評価を行い，不安定度が高いものと低いものとを区分する．このうち，不安定度が低いものについては，さらに将来の不安定性についての評価を行い，ランク分けを行う．

（2）評価項目の区分および評価の目安
①割れ目の状況

概ね3 cm以上の開口は「大きく開口」，数mm〜2 cm程度の開口は「やや開口」，ヘア・クラックはあるが開口していないものは「密着」とする（**付属図10.4参照**）．

(a) 大きく開口 　　(b) やや開口

(c) 密着

付属図 10.4　割れ目の状況の例

②浮き石の量（分布）

浮き石が評価対象部分の概ね70%以上に分布している場合を「全体的」とし，これ以下を「部分的」とする（**付属図10.5参照**）．

③斜面型

水平断面形により，「尾根型」，「直線」，「谷型」に区分する（**付属図10.6参照**）．

④斜面の高さ

評価対象部分ののり肩や遷急線までとする．

⑤斜面勾配

評価対象部分の平均勾配とする．

⑥風化度

付属資料 10　岩石斜面の安定性評価手法

(a) 全体的　　　　　(b) 部分的

付属図 10.5　浮き石の量（分布）の例

付属図 10.6　斜面型の区分[5]

付属表 10.3 により「Ⅰ」，「Ⅱ」，「Ⅲ」，「Ⅳ」に区分する．

⑦割れ目の多寡

割れ目の平均的間隔が 50 cm 以下を「多」，数 m 以上を「少」とし，その間を「中」とする（**付属図 10.7 参照**）．

⑧割れ目の性状

「サイコロ状」，「板状」，「ブロック状」に区分する（**付属図 10.8**，**付属図 10.9 参照**）．

付属表 10.3 風化度の区分

風化度	調査結果の内容	
	目視による状態	ハンマー打撃に対する変化
I (非常に大)	表面が完全に土壌化しており，原形は不明瞭，色は茶〜茶褐色	ハンマーの先が突き刺さる．数 cm 以下の細片がはく落する．
II (大〜中)	岩の形状を保っているが，表面に割れ目が多く，1 cm 以上に拡大している．また部分的に空隙化がみられ，拳〜レンガ大の岩片が浮いている．崖錘状を示す．	ハンマー打撃で表面が，拳〜レンガ大の岩片となってはく落する．はく落跡に崩土・蔓草の根が充満している．
III (小)	表面には縦横の割れ目が発達している．割れ目は 5 mm 以下で連続性がない．	ハンマー打撃で手応えがあり，部分的には拳大以下の岩片がはく落するが，岩質は硬い．
IV (安定)	割れ目はほとんど認められず，表面の植生も極めて薄い．色は暗灰色の部分が多い．	ハンマー打撃で手が痺れる．層理面の確認に鏨使用．

(a) 多

(b) 中

(c) 少

付属図 10.7 割れ目の多寡の例

(a) サイコロ状

(b) 板状

(c) ブロック状

付属図 10.8 割れ目の性状の例

付属資料 10　岩石斜面の安定性評価手法

(a) サイコロ状　　(b) 板上　　(c) ブロック状

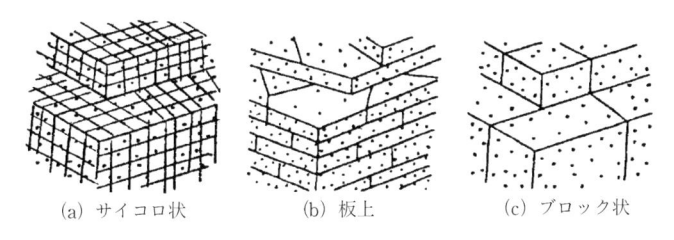

付属図 10.9　割れ目の性状の例

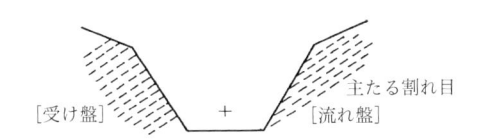

[受け盤]　主たる割れ目　[流れ盤]

付属図 10.10　割れ目の性状の区分

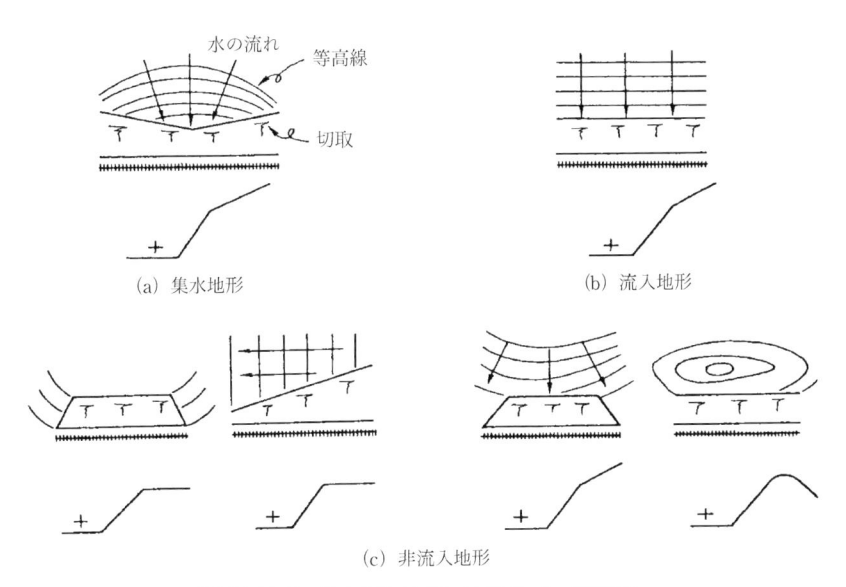

(a) 集水地形　　(b) 流入地形

(c) 非流入地形

付属図 10.11　集水条件の区分（文献 6）を一部修正）

⑨割れ目の方向性

「流れ盤（地層や主たる割れ目が斜面の勾配と同じ方向に傾斜している状態にあること）」，「受け盤（地層や主たる割れ目が斜面の勾配と反対の方向に傾斜している状態にあること）」，「ほぼ水平（傾斜が概ね±20°未満）」に区分する（**付属図 10.10** 参照）．

⑩集水条件・湧水

「集水地形」，「流入地形（集水地形ではないが斜面に水が流入する場合）」，「非流入地形（ほとんど流入水がない場合）」に区分する（**付属図 10.11** 参照）．湧水がある場合は集水地形と同等とする．

⑪立木・植生

評価対象とする部分の主体となっている状況から，「裸地」，「草本」，「木本」に区分する．

⑫不安定地形等

オーバーハング，断層，遷急線等の不安定な地形の有無で区分する．

⑬崩壊歴の有無

過去の崩壊歴を，「有」，「不明」，「無」に区分する．

⑭気象条件

「寒冷地（斜面が冬季間に凍結する地区）」と「温暖地」に区分する．

6. 転落型落石に対する評価

付属図 10.12 により評価する．具体的な方法は以下のとおりである．

（1） 評価の流れ

① 多量の転石の存在を CPC とし，この場合は無条件に不安定度が高いとする．

② 上記と反対に転石が少量で，斜面表層部が顕著な侵食や凹凸がなく安定している場合は，現状では問題はないとする．ただし，将来の不安定性についての評価は行い，ランク分けを行う．

③ これ以外については，まず現在の不安定性の評価を行い，不安定度が高いものと低いものとを区分する．このうち不安定度が低いものについては，さらに将来の不安定性についての評価を行い，ランク

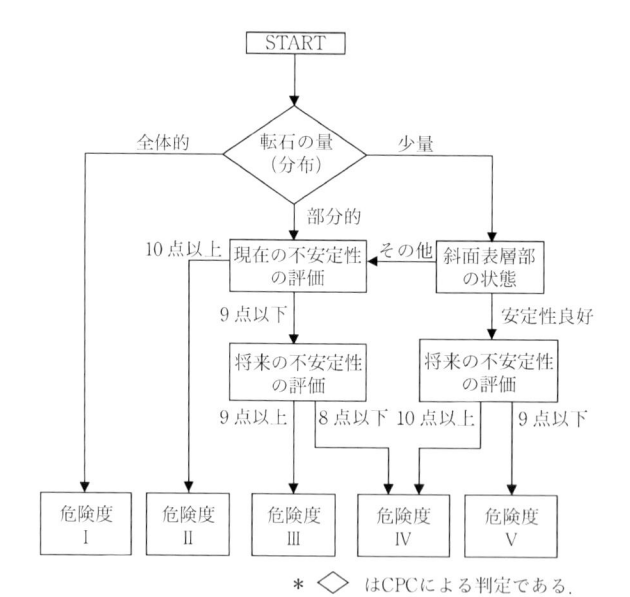

[現在の不安定性]

評価項目	評価点			
斜面勾配 G	$G>45°$ / 2	$45°≧G>30°$ / 1	$30°≧G$ / 0	
マトリックスの状況	不安定 / 6	やや不安定 / 4	やや安定 / 2	安定 / 0
転石の形状	大岩塊・円形 / 2	サイコロ状 / 1	板状 / 0	
集水条件	集水地形 / 2	流入地形 / 1	非流入地形 / 0	
不安定地形等	有 / 2		無 / 0	
崩壊歴の有無	有 / 2	不明 / 1	無 / 0	

[将来の不安定性]

評価項目	評価点			
斜面の高さ H	$H>20m$ / 2	$20m≧H>10m$ / 1	$10m≧H$ / 0	
マトリックスの状況	不安定 / 6	やや不安定 / 4	やや安定 / 2	安定 / 0
集条件・湧水	湧水あり集水地形 / 2	流入地形 / 1	非流入地形 / 0	
立木・植生	裸地 / 2	草本 / 1	木本 / 0	
不安定地形等	有 / 2		無 / 0	
崩壊歴の有無	有 / 2	不明 / 1	無 / 0	
気象条件	寒冷地 / 2		温暖地 / 0	

付属図 10.12 発生源での斜面の安定性評価手法【転落型落石】

付属図 10.13　転石の量（分布）の例

分けを行う．
（2）評価項目の区分および評価の目安
①転石の量（分布）
　転石が評価対象部分の概ね 70% 以上に分布している場合は「全体的」とし，概ね 30% 以下の場合は「少量」とし，その間を「部分的」とする（**付属図 10.13 参照**）．
②斜面の高さ
　はく落型落石・岩石崩壊と同様，評価対象部分ののり肩や遷急線までとする．
③斜面勾配
　はく落型落石・岩石崩壊と同様，評価対象部分の平均勾配とする．
④マトリックスの状況
　マトリックスの安定性を総合的に評価する．具体的にはマトリックスの土質，強度，厚さ，侵食状態等を評価事項とする（**付属表 10.4 参照**）．

付属表 10.4　マトリックスの状況の評価の目安

	不安定	やや不安定	やや安定	安定
表層の土質	ゆるい砂	←	→	締まった粘性土
表層土の強度	$N_c < 4$	$4 \leq N_c < 8$		$8 \leq N_c$
表層土の厚さ	薄く不安定	←	→	厚く安定
表層土の分布	不均一，凹凸顕著	←	→	均一
侵食状態	ガリの発達が顕著	←	→	侵食なし

注）N_c：簡易動的コーン貫入試験機による貫入強度

(a) 大岩塊	(b) 円形
(c) サイコロ状	(d) 板状

付属図 10.14 転石の形状の例

⑤転石の形状

「大岩塊・円形」,「サイコロ状」,「板状」に区分する（**付属図10.14**参照）．

⑥集水条件・湧水

はく落型落石・岩石崩壊と同様,「集水地形」,「流入地形（集水地形ではないが斜面に水が流入する場合）」,「非流入地形（ほとんど流入水がない場合）」に区分する（**付属図10.11**参照）．将来の不安定性については，湧水も評価項目に加え，集水地形と同等とする．

⑦立木・植生

はく落型落石・岩石崩壊と同様，評価対象とする部分の主体となっている状況から,「裸地」,「草本」,「木本」に区分する．

⑧不安定地形等

はく落型落石・岩石崩壊と同様，オーバーハング，断層，遷急線等の不安定な地形の有無で区分する．

⑨崩壊歴の有無

はく落型落石・岩石崩壊と同様，過去の崩壊歴を,「有」,「不明」,「無」に区分する．

⑩気象条件

はく落型落石・岩石崩壊と同様,「寒冷地（斜面が冬季間に凍結する地区）」と「温暖地」に区分する．

7. おわりに

今回開発した評価手法は，落石・岩盤崩壊に関与する素因を系統的かつ技術的に考察した結果に基づき構築したものである．特に，発生源での安定性評価に決定的素因（CPC）という新しい概念を導入した

こと，および現在の不安定性と将来の不安定性を区別した評価手法を考案したことに特徴があり，空振りはある程度許容するが見逃しは防ぐという点からみても，従来の評価手法に比べ，精度が高く使いやすくなっていると考えている．

また，この手法は，鉄道沿線斜面の日常の維持管理を担当している現場技術者が用いることを前提としており，その結果はあくまで第一次の評価である．したがって，この手法による評価により不安定性が高いとされた斜面や評価に疑問がある斜面等については，検査の継続やより詳細な調査や計測を行うとともに，専門家による評価やこれに基づく対策工等の対応策を検討することも必要である．

【参考】 鉄道線路等への影響度の評価手法

発生源での評価により危険度が「Ⅰ」から「Ⅳ」とされた斜面については鉄道線路等への影響度の評価を行う．具体的には，発生域，落下域，到達域それぞれについて，対策工の機能・効果や斜面の状況に関する評価を行い，最終的な評価とする．

以上の発生源での安定性評価および鉄道線路等への影響度の評価を合わせた流れを参考図に示す．

参 考 文 献

1) 野口達雄：鉄道沿線岩石斜面の安定性評価に関する研究，鉄道総研報告，特別第51号，2002. 3.
2) 野口達雄：落石・崩壊に係わる素因の分析にもとづく岩石斜面の新しい安定性評価手法，鉄道総研報告，第16巻，第8号，pp. 23-28，2002. 8.
3) 野口達雄：鉄道沿線岩石斜面の新しい安定性評価手法，日本鉄道施設協会誌，第41巻第6号，pp. 9-13，2003. 6.
4) 東日本旅客鉄道㈱編：落石検査マニュアル，日本鉄道施設協会，2000. 1.
5) 鈴木隆介：建設技術者のための地形図読図入門第1巻読図の基礎，古今書院，1997. 11.
6) 杉山友康：降雨時の鉄道斜面災害防止のための危険度評価手法に関する研究，鉄道総研報告，特別第19号，1997. 5.

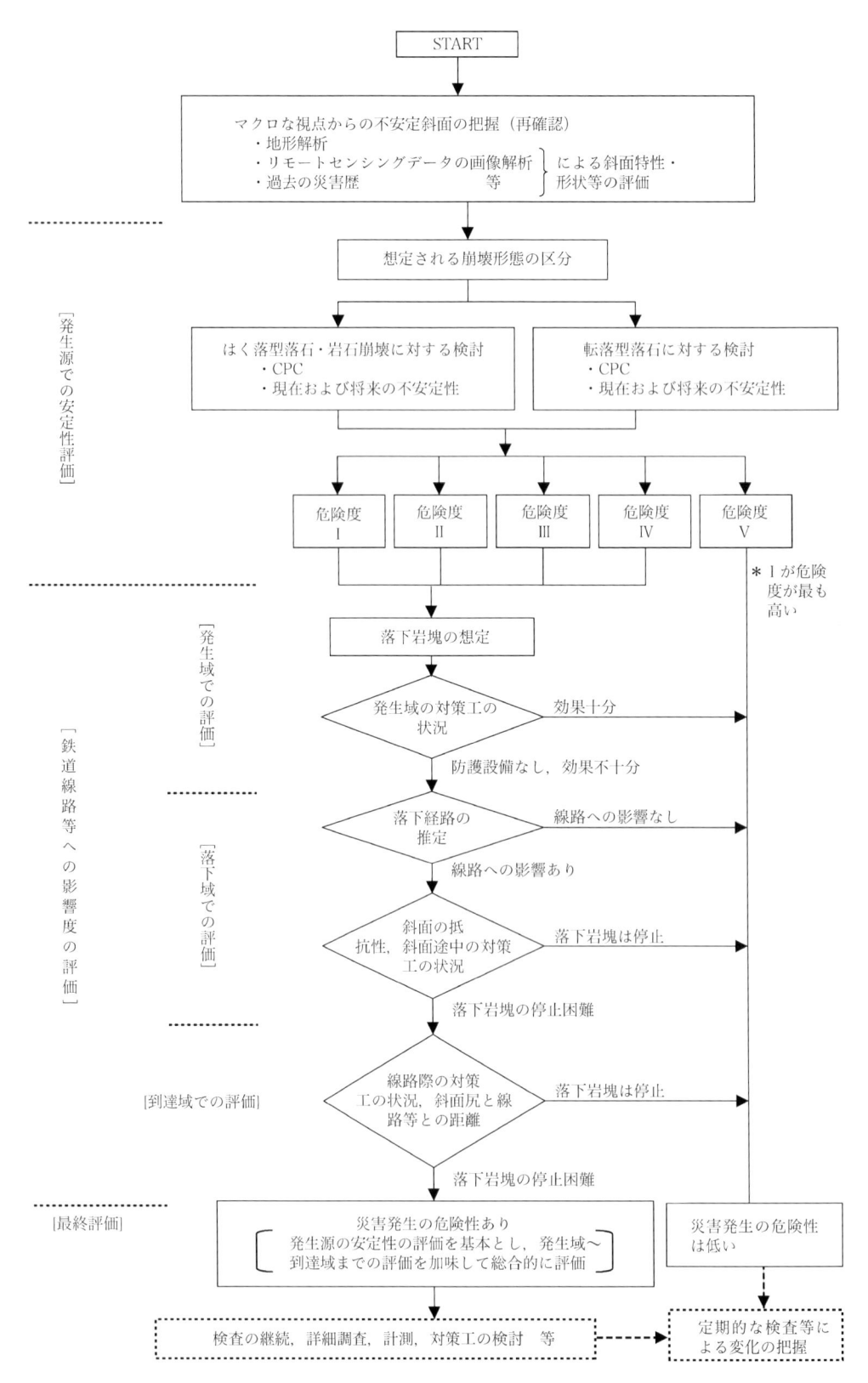

参考図　岩石斜面の安定性評価全体の流れ

付属資料11　記　録　の　例

付属表 11.1　全般検査の記録（例）

線名	駅間	キロ程	左右	構造物種別	日時（天候）	検査者	調査結果 変状	判定	調査結果 不安定性	判定	総合判定
○○線	○○～○○	5k800m～6k050m	右	切土	H18.10.15（晴）	○○○	なし	－	なし	S	S
○○線	○○～○○	6k050m～6k900m	右	盛土	H18.10.18（曇）	○○○	のり肩がやせている（6k120m付近）	B	落込勾配点であるが盛土に格子枠工あり（6k500m付近）	C	B
○○線	○○～○○	6k900m～7k700m	右	盛土	H18.10.18（曇）	○○○	のり尻付近にはらみが見られる（7k540m付近）	A	－	－	A
○○線	○○～○○	9k500m～9k800m	左	盛土	H18.10.19（晴）	○○○	なし	－	片切片盛であるがのり面の状態は乾燥している	B	B
○○線	○○～○○	9k500m～9k800m	右	切土	H18.10.19（晴）	○○○	なし	－	不安定な浮石がのり面に存在（9k620m付近）	A	A

※現地の状況をスケッチや写真で残しておくことが望ましい（別紙でも良い）

9k620m付近のスケッチ（例）

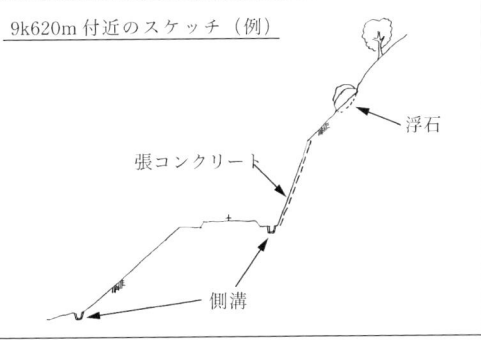

浮石
張コンクリート
側溝

付属表 11.2 個別検査の記録（例）

線名	○○線	駅間	○○〜○○	キロ程(左右)	○○k○○○m〜○○k○○○m(右)	構造物種別	切土	検査日(天候)	平成○年○月○日(晴れ)	検査者	○○○○

| 状況概要 | ・○○川右岸斜面の裾部を通過する区間である
・本区間の地質は、砂礫層を主体とし、シルト〜粘土層を挟在する
・○○k○○○m〜○○○m付近(右)には、張コンクリートが施工されているが、上部斜面には旧崩壊跡が複数あり、湿地帯が存在し、湧水も確認できる ||||||||||||

措置歴	日付	措置内容	災害歴	日付	災害内容	資料の有無(試験結果等)	有
	平成○年○月○日	張コンクリート		平成○年○月○日	切土崩壊		

変状に関する調査	変状	変状原因および健全度への影響	健全度判定(変状)
	・○○k○○○m〜○○○m付近(右)の張コンクリート背面の侵食(明らかに進行性が確認できる)	・切土上部斜面の湧水が未処理であるため、それらの水が張コンクリートの表面および背面に直接流下している。そのため、張コンクリート背面の侵食が進行しており、今後、切土崩壊が発生する可能性がある	A

不安定性に関する調査	不安定要因	健全度への影響	健全度判定(不安定性)
	・張コンクリートに水が集中流下している	・変状の記述と同じ	A
	・崩壊跡が複数ある(対策工が未施工である)	・複数の崩壊跡が見られ、対策工が未施工であることから崩壊箇所がさらに侵食し、崩壊が発生する可能性がある。なお崩壊が発生した場合には、線路へ土砂が流入する可能性がある	A
	・不安定な転石群がある(対策工が施工されている)	・不安定な転石群があるが、対策工が施工されている	C

健全度判定区分の理由	健全度判定(総合)
・切土上部斜面からの水により、張コンクリート背面の侵食が進行しており、今後、切土崩壊が発生する可能性がある ・崩壊跡の対策工が未施工であり、今後侵食が進行し、崩壊が発生した場合には、線路へ土砂が流入する可能性がある	A

付属表 11.3 個別検査の記録（例）（スケッチ，写真等）

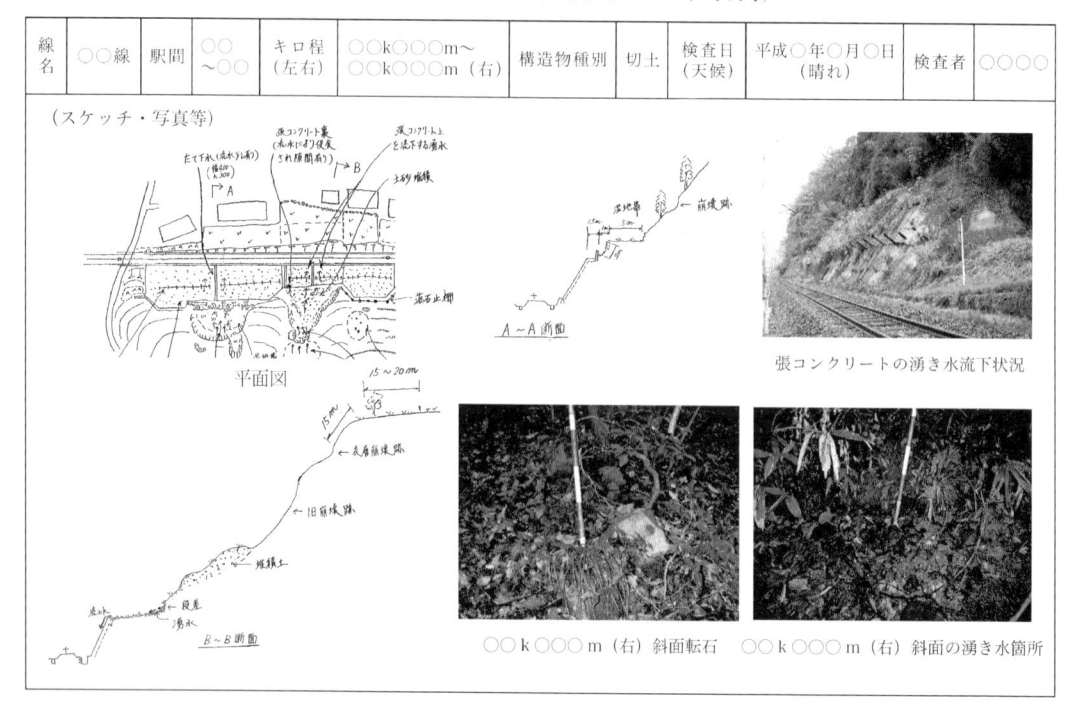

線名	○○線	駅間	○○〜○○	キロ程(左右)	○○k○○○m〜○○k○○○m(右)	構造物種別	切土	検査日(天候)	平成○年○月○日(晴れ)	検査者	○○○○

(スケッチ・写真等)

平面図

A〜A断面

B〜B断面

張コンクリートの湧き水流下状況

○○k○○○m（右）斜面転石　　○○k○○○m（右）斜面の湧き水箇所

付属資料11 記 録 の 例　　131

付属表 11.4　措置の記録（例）

線名	○○線	駅　間	○○〜○○	キロ程（左右）	○○k○○m〜○○k○○m（右）	構造物種別	切土
検査種別	個別	検査日	平成○年○月○日	措置前の健全度判定区分の理由	（変状）表面流水により一部ガリが見られる （不安定性）背後に田畑があり、のり面に水が集中して流下した跡が見られる	措置前の判定	A

措置日	平成○年○月○日	措置方法	吹付格子枠工（格子枠内はコンクリート吹付）
措置の概要		○○k○○○m〜○○k○○○m（L=○m）において、のり面整正後に吹付格子枠工を施工。施工面積○○m²	
措置方法の選定理由		背後が集水地形のため土砂崩壊とのり面侵食に対する措置が必要である。また、勾配や現地の施工性を考慮して吹付格子枠工を選定した。	

（図面，写真，スケッチ等）

措置箇所のスケッチ　　　　　措置箇所の写真

措置効果の確認結果	・吹付格子枠工により表流水による侵食を受けない構造となった。 ・排水設備などの防護工が適切に施工された。	確認者	○○ ○○	措置後の判定	C

付属資料12　構造物の検査結果を記録するシステム

1. はじめに

本標準には，「構造物の維持管理を将来的にわたり適切に行うために，検査，措置等の記録を作成し，これを保存するものとする．」と記されている．構造物の維持管理の記録を効率的かつ合理的に行うためには，設計，施工，検査の結果，措置の結果等を電子データとして記録・保管し，検査の都度，データを更新するとともに構造物の履歴に関する内容を常に容易に参照できるシステムを利用することが有効である．ここでは，こうした維持管理の記録を電子データ化し，検査結果を蓄積，管理するシステムの例[1)~3)]を紹介する．

2. システムの特徴

膨大な量におよぶ維持管理の記録を電子データ化する上で，検索機能は重要である．特に実際に検査を実施する構造物を検索する際には，キーワードや路線名，路線図からの検索が便利である．**付属図12.1**は，簡単な路線図をシステムに取り入れて各種台帳に構造物の諸元，設計図書，補修記録や写真をデータベースに取り入れたイメージ図である．これにより，現地調査時においてもキロ程から構造物を追うことが可能である．こうした検索機能を備えるためには，各構造物にID番号と構造物の諸元となる基本情報

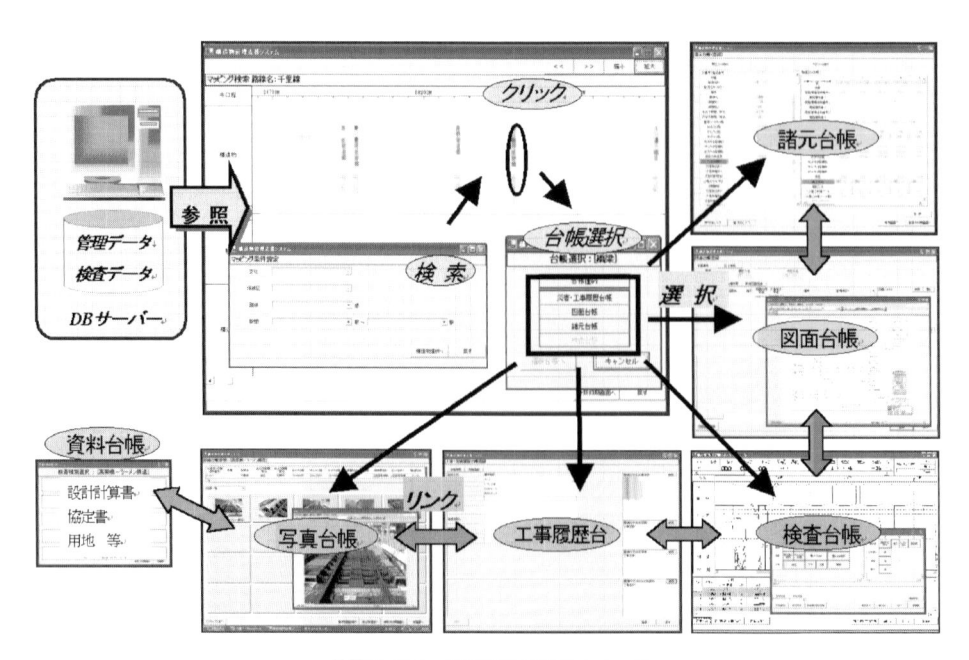

付属図 12.1　各種資料の検索イメージ

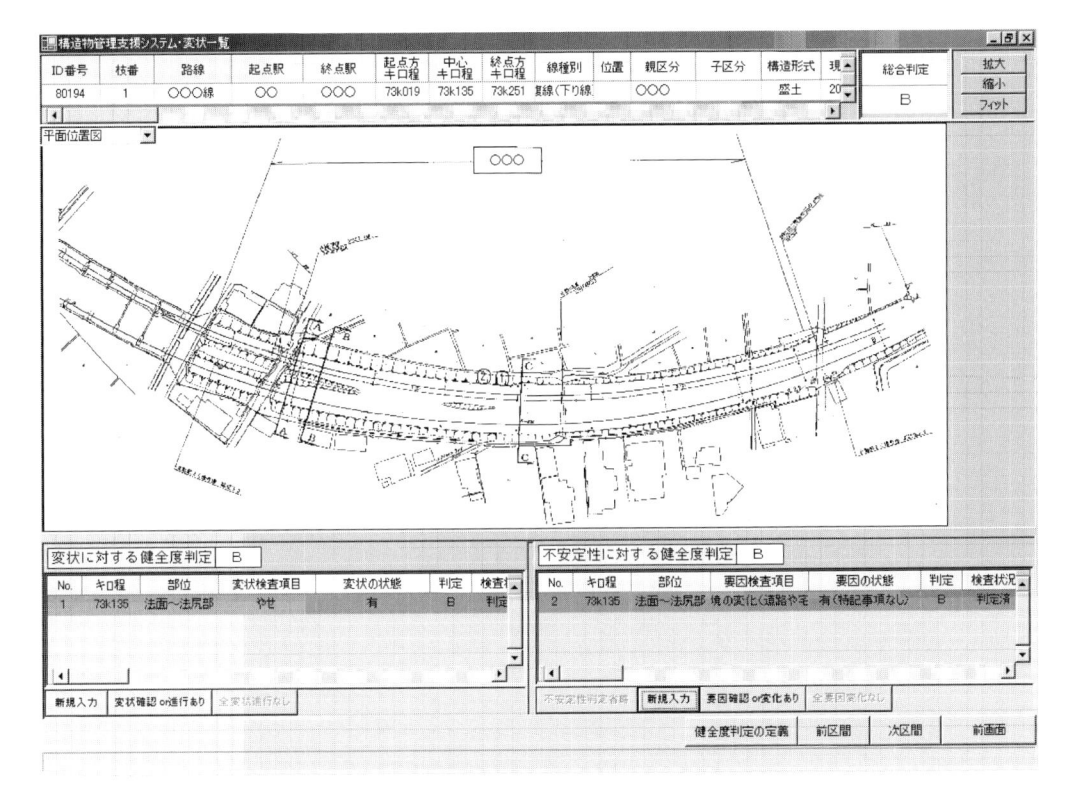

付属資料 12　構造物の検査結果を記録するシステム　　133

付属図 12.2　検査記録の例

や写真等にも ID 番号をもたせることが必要であるが，これにより各台帳内のデータと構造物の位置や諸元をリンク付けることが可能になる．

付属図 12.2 に盛土における検査記録の例を示す．図に示すように，検査の対象となる箇所ごとに変状や不安定性に対する健全度が一覧となっており，この図では線路平面図上のどの位置がそれぞれの健全度に対応しているかどうかが分かるようになっている．なお，変状等が写真で分かりにくい場合は，線路平面図にスケッチを追加することでより分かりやすいものとなる．

3. まとめ

本資料では，鉄道構造物の検査結果を電子データとして記録・保管し，データベースで管理するシステムの例を紹介した．このようなシステムを用いて検査結果をまとめておくことは，今後の検査を効率的，効果的に行うために有効であると考えている．

参 考 文 献

1) 三谷公夫，草野剛一，坂入敦，篠田知堅，林健次，菊地誠：構造物管理支援システムの構築（1），土木学会第61回年次学術講演概要集，2006．
2) 進藤良則，菅原孝男，浅葉喜一，間下孝夫，中塚孝，大塚祐一郎：構造物管理支援システムの構築（2），土木学会第61回年次学術講演概要集，2006．
3) 小出泰弘，尾山達己，小西真治，丸田大輔，藤巻恵，佐藤巧二：構造物管理支援システムの構築（3），土木学会第61回年次学術講演概要集，2006．

平成 19 年 1 月
鉄道構造物等維持管理標準・同解説
（構造物編　土構造物（盛土・切土））

平成 19 年 1 月 25 日	発　　　行
令和 7 年 3 月 30 日	第 6 刷発行

編　者　　公益財団法人　鉄道総合技術研究所

発行者　　池　田　和　博

発行所　　丸善出版株式会社
　　　　　〒101-0051　東京都千代田区神田神保町二丁目17番
　　　　　編集：電話(03)3512-3266／FAX(03)3512-3272
　　　　　営業：電話(03)3512-3256／FAX(03)3512-3270
　　　　　https://www.maruzen-publishing.co.jp

Ⓒ　公益財団法人　鉄道総合技術研究所，2007

組版／中央印刷株式会社
印刷・製本／大日本印刷株式会社

ISBN 978-4-621-31132-5 C3351　　　　Printed in Japan

本書の無断複写は著作権法上での例外を除き禁じられています．